Samira Soualem

Mecanismos de tolerância à salinidade

Samira Soualem

Mecanismos de tolerância à salinidade

ScienciaScripts

Cover image: www.ingimage.com

This book is a translation from the original published under ISBN 978-613-9-52741-0.

Publisher:
Sciencia Scripts
is a trademark of
Dodo Books Indian Ocean Ltd. and OmniScriptum S.R.L publishing group

120 High Road, East Finchley, London, N2 9ED, United Kingdom
Str. Armeneasca 28/1, office 1, Chisinau MD-2012, Republic of Moldova, Europe
Printed at: see last page
ISBN: 978-620-8-26719-3

MECANISMOS DE TOLERÂNCIA À SALINIDADE

RESUMO

Alriplex halimus L. é uma planta forrageira importante nas zonas áridas do Mediterrâneo. O objetivo deste estudo é identificar, dentro da diversidade genética natural de uma população, os tipos que podem comportar-se de forma óptima em determinadas condições salinas. Centrámos as nossas observações no comportamento in vitro das plantas regadas com uma solução salina composta por NaCl +$CaCl_2$ a 400 e 600 meq e com água do mar diluída a 50% e não diluída. Vários parâmetros morfológicos, fisiológicos, bioquímicos e anatómicos estão envolvidos na adaptação à salinidade.

Os resultados mostram que os indicadores do estado hídrico da planta são sensíveis às variações do teor de sais do substrato. Além disso, a utilização de dois tipos de substrato com concentrações crescentes de sal provocou variações estruturais e bioquímicas nas plantas testadas. No entanto, o comportamento das plantas em relação à origem do sal nem sempre foi semelhante, e esta reação deve ser tida em conta se quisermos compreender melhor a complexidade dos mecanismos que permitem às plantas fazer face ao stress.

ÍNDICE DE CONTEÚDOS

INTRODUÇÃO

A salinidade e a seca são os principais constrangimentos que limitam consideravelmente a produtividade vegetal em mais de 40% da superfície terrestre, particularmente nas regiões mediterrânicas (M'barek et al., 2001). Estes dois constrangimentos naturais alteraram a estabilidade dos ecossistemas (Lieth et al., 1997) e são largamente responsáveis pela desertificação dos solos. Algumas espécies espontâneas desapareceram e outras estão ameaçadas de extinção. Mais de 15% da superfície da Argélia é ocupada por solos salinos. A salinização dos solos nestas regiões está ligada não só às condições climáticas, mas também à utilização frequentemente mal controlada da irrigação. A elevada insolação e a fraca pluviosidade provocam a acumulação de sais dissolvidos à superfície (Levigneron et al., 1995). Os sais acumulados podem limitar ou impedir completamente o crescimento das plantas, devido a um aumento da pressão osmótica do meio ou ao efeito tóxico específico de certos elementos (Chretien, 1992). Este fenómeno foi igualmente acentuado pela utilização excessiva de fertilizantes, o que conduziu a um processo de salinização secundária (Hamdy, 1999). A introdução de arbustos forrageiros tolerantes à salinidade é uma das técnicas que pode ser utilizada para tirar o máximo partido destes solos marginais, sendo que o Atriplex apresenta uma boa tolerância às condições ambientais desfavoráveis (Kinet et al., 1998), Por exemplo, num meio sintético líquido, Atriplexhalimus L tolera concentrações de cloreto de sódio (NaCl) próximas das da água do mar (600 mM). Esta espécie é uma importante reserva forrageira no Norte de África e no Médio Oriente, consumida por ovelhas e camelídeos, sobretudo em épocas de fome. É rica em proteínas (10 a 20% da matéria seca) e possui um sistema radicular muito desenvolvido que fixa as camadas superiores do solo e pode ser utilizado para combater a desertificação (Ben Ahmed et al. , 1996).A Atriplex apresenta um polimorfismo morfológico considerável no tamanho e na forma das suas folhas, das suas válvulas de frutificação e das suas sementes, bem como um polimorfismo na produção de biomassa. Seria, portanto, interessante melhorar a produção estepária à base de Atriplex halimus L. (Ben Ahmed et al., 1996), desenvolvendo as principais estratégias de repovoamento das zonas degradadas com populações homogéneas resistentes e adaptadas a cada região (Kinet et al., 1998). Estas plantas têm diferentes graus de resistência à salinidade e ao stress hídrico, bem estabelecidos com base em critérios agronómicos (por exemplo, rendimento). O conhecimento desta variabilidade interespecífica baseia-se essencialmente nas práticas agrícolas e, em menor grau, em ensaios de campo comparativos sistemáticos (Maas, 1986). Isto torna possível selecionar genótipos resistentes. Este desenvolvimento da criação de variedades requer testes suficientemente simples e rápidos para permitir uma seleção em grande escala antes dos ensaios de rendimento no campo. A resistência ao stress depende muito do estádio de desenvolvimento da planta, das técnicas de cultivo e das condições climáticas e do solo (Digby et al., 1999). Por conseguinte, não pode ser definida ou prevista em termos absolutos, mas deve ser considerada como um parâmetro relativo. No entanto, vários critérios fisiológicos e bioquímicos podem ser retidos, ao nível da célula ou da planta inteira, e utilizados para discriminar entre espécies ou variedades quanto à resistência ao stress (Tal et al., 1984).O facto de a resistência ao stress salino ou hídrico poder ser adquirida por células ou tecidos em cultura implica que este comportamento fisiológico depende de parâmetros celulares (Khrais et al., 1998).No entanto, vários estudos mostram que a capacidade de resistir à salinidade do ambiente está associada a um padrão preciso de integração de transportes ao nível de toda a planta. Isto sugere que critérios baseados na medição de parâmetros celulares podem ser utilizados para detetar factores limitantes elementares, que por si só conferem um elevado grau de sensibilidade ao stress, conduzindo ao rastreio dos melhores genótipos para otimizar o desempenho das plantas sujeitas a stress (Beatriz et al., O objetivo deste estudo é quantificar os efeitos de diferentes concentrações de sais na água do mar e numa solução salina composta por $NaCl^{+}$ $CaCl_2$ sobre um conjunto de parâmetros fisiológicos, morfológicos, anatómicos e bioquímicos. Na primeira parte serão apresentados os dados adquiridos sobre os parâmetros fisiológicos, principalmente as variações do estado hídrico da planta, o potencial osmótico e os parâmetros ligados à transpiração da planta sob stress salino.A segunda parte centra-se nos parâmetros bioquímicos a monitorizar, através da análise foliar dos níveis de açúcares e cera. A terceira parte centra-se nas caraterísticas morfológicas, em particular o sistema radicular e a parte aérea.

CAPÍTULO I
DADOS BIBLIOGRÁFICOS

I - STRESSES ABIÓTICOS

Os stresses físico-químicos a que as plantas estão sujeitas podem ser agrupados em alguns tipos gerais: seca (stress hídrico) e deficiências de nutrientes, envenenamento químico, luz excessiva ou insuficiente e temperaturas excessivamente baixas ou muito altas.

1- Seca

A seca pode ser definida como um desvio negativo suficiente para causar uma queda significativa na produção agrícola (Zair, 1991). De acordo com Deressac em 1992, há seca assim que a água se torna um fator limitante para o crescimento e rendimento. A deficiência hídrica, que quando persistente pode levar à desidratação severa dos tecidos vegetais, é um dos stresses mais comuns que afectam as culturas. A investigação sobre os mecanismos pelos quais as plantas se adaptam ao défice hídrico é de extrema importância. Os mecanismos de resistência à seca são altamente complexos, podendo envolver factores morfológicos, fisiológicos e bioquímicos a diferentes níveis de organização da planta (Reda Tazi et al., 2003).De acordo com Levitt em 1980, foram considerados dois tipos de mecanismos de adaptação à seca: o mecanismo de evitamento e o mecanismo de tolerância. Nenhuma destas caraterísticas pode, por si só, ser utilizada na seleção da resistência a um stress; pelo contrário, é a sua combinação que parece conferir à planta a sua capacidade de tolerar tal condição. De acordo com Turner em 1986, os processos que estão ligados ao crescimento e desenvolvimento das plantas são influenciados pela falta de água e salinidade.

2- Salinidade

O problema da salinidade na agricultura está a tornar-se cada vez mais importante em várias partes do mundo, especialmente nas zonas áridas do Terceiro Mundo, bem como em certos países que desenvolvem uma agricultura moderna, onde a qualidade do solo se deteriorou frequentemente devido a uma irrigação excessiva (Christophe e Michel, 2000).

a- Definição de salinidade

A salinidade é definida como o processo pedológico pelo qual o solo se torna anormalmente enriquecido em sais solúveis, adquirindo assim um carácter salino (Eilers et al., 1995). Assim, os solos salinos são aqueles que se caracterizam pela presença de um excesso de iões de sódio permutáveis no perfil (Schut, 1996).
De acordo com Aubert, em 1975, os solos sódicos, também conhecidos como solos salinos ou solos halomórficos, caracterizam-se por um elevado teor de sais solúveis, distribuídos por todo ou parte do perfil. Em particular, a influência do ião sódio provoca a degradação da estrutura de um dos horizontes, levando à formação de uma crosta na superfície do solo; esta crosta é de natureza pulverulenta e o solo é então colonizado por vegetação halófita (Schut, 1996).
Segundo Loze e Mathieu em 1990, um solo, uma água de rega ou uma solução nutritiva é salgada quando contém concentrações anormalmente elevadas de cloretos, sulfatos, carbonatos ou bicarbonatos de sódio, cálcio ou magnésio.A formação de solos halomórficos é condicionada pela presença do ião Na^{+} , que, quando suficientemente abundante no solo, lhe confere propriedades especiais. Pode existir sob duas formas, com propriedades diferentes: a forma salina neutra, geralmente cloretos de que não tem quaisquer propriedades e a forma permutável, ligada ao absorvente Omplex que sobre a solução alcaliniza (Duchaufour, 1983).

b-Classificação dos solos salgados :

Os solos halomórficos podem ser divididos em dois tipos principais:

- Solos salinos com um complexo de cálcio: (solantchacks de cálcio) :

Estes solos encontram-se em regiões estepárias e subdesérticas (La coste et al., 1980), e contêm sais de sódio, sais de Ca e sais de Mg (Duchaufeur, 1988).), contendo não só sais de sódio mas também sais de Ca^{+2} e Mg^{+2} (Duchaufour, 1988). Os sais acumulam-se frequentemente à superfície durante os períodos de elevada evaporação na estação seca, provocando a formação de eflorescências brancas à superfície (Duchaufour, 1983). Estes solos estão sujeitos a uma pressão osmótica muito elevada, impedindo a absorção de água e de outros iões, o que provoca uma verdadeira seca fisiológica (Duchaufour, 1968). Oferecem pouco sódio permutável, geralmente menos de 15%; a alcalinização resulta num PH > 8,5 e numa CE < 4 mmhos/cm a 25°C (Duchaufour, 1988).

- Solos salinos com um complexo de sódio (solantchack de sódio) :

Este tipo de água encontra-se na orla marítima, onde a água, muito rica em iões sódio, contém poucos alcalino-terrosos Ca^{+2} , Mg^{+2} , representando o ião sódio 15% do valor da CE (Duchaufour, 1988).
No entanto, devido à elevada concentração de sódio na água em todas as épocas do ano, a influência da saturação parcial do complexo com sódio é apenas atenuada. O PH não excede cerca de 8,5.
Segundo o mesmo autor, os sais de sódio (NaCl, Na_2 SO_4) provenientes do lençol freático acumulam-se à superfície como no caso anterior; a estrutura tende a degradar-se e torna-se pulverulenta.

c- **Origem da salinidade**

- **origem primária**

Esta salinidade resulta da alteração da rocha-mãe salina por factores de erosão. A dissolução, pelas águas de escoamento, das rochas sedimentares ricas em cloretos, sulfatos e carbonatos, contribuindo assim para a salinização dos solos (Duchaufour et al., 1979). A alteração da rocha-mãe, que fornece os sais responsáveis pela salinização primária, é provocada pelas águas pluviais, frequentemente ácidas.
(H_2 CO_3), mas também por agentes físicos (Aubert e Boulaine, 1980).

- **origem secundária**

Este processo não envolve a rocha, mas pode ser causado pela água de irrigação, que está carregada de sais, ou por uma fertilização química excessiva (Mouhouch e e Boulassel, 1999). Além disso, nos solos irrigados, a ascensão capilar ocorre durante os intervalos entre irrigações e durante um período de pousio, quando não há movimento descendente devido à percolação da água (Van-Hoorn, 1995).Segundo Eilers et al., em 1995, a zona de recarga recebe a precipitação, a água penetra no solo e, se não for absorvida pelas plantas, chega ao lençol freático, que dissolve os sais e os transporta para as zonas de descarga, onde o abastecimento de água subterrânea eleva o lençol freático até à franja capilar como uma esponja, fazendo com que a água suba à superfície do solo, que se evapora e o sal se acumula.

d-Os principais sais solúveis e as suas caraterísticas no solo

Os sais solúveis que se acumulam nos solos salgados são essencialmente constituídos por iões Ca^{++} , Mg^{++} ,Cl^{-} ,Na^{+} e SO_4^{--} . Os iões K^{+} , HCO_3^{-} ,CO^{-}_3 , são menos abundantes, a proporção destes iões varia consideravelmente nos diferentes solos (Dommerguez e Mangenot,1970).

Carbonatos

Resultam da dissolução do ácido carbónico ($H_2 CO_3$) na água, que pode ser de origem atmosférica ou biológica. Os iões carbonato encontram-se nos solos com PH igual ou superior a 9, principalmente sob a forma de :

• carbonatos de magnésio ($MgCO_3$) com uma solubilidade muito elevada.

• Os carbonatos de sódio ($Na_2 CO_3$) dão origem a soluções com um PH muito elevado (9 -12), são muito tóxicos, tanto pela sua alcalinidade (como é o caso dos
bicarbonatos ($NaHCO_3$)e carbonatos de potássio ($K_2 CO_3$) (Sylvia,1982 in Gasmi,1989).

Sulfatos:

Os sais solúveis à base de sulfatos são :

• Os sulfatos de magnésio ($Mg SO_4$) encontram-se nas águas subterrâneas e são altamente solúveis.

• sulfatos de sódio ($Na_2 SO_4$): a sua solubilidade depende da temperatura e a sua ação depende da estação do ano (Duchaufour et al., 1979).

Cloretos

Sais solúveis à base de

• cloretos de cálcio ($CaCl_2$): raros nos solos, são muito solúveis e reagem com $Na_2 SO_4$ ou $Na_2 CO_3$ para dar $CaSO_4$ ou $CaCO_3$ que são pouco solúveis.

• Cloreto de magnésio ($Mg Cl_2$): mais comum do que o $CaCl_2$ especialmente em sais com uma salinidade elevada, são muito solúveis.

• Os cloretos de sódio (Na Cl) são sais generalizados e altamente solúveis, típicos de solos salgados (tal como os cloretos de potássio (K Cl) (Eilers et al., 1995).

e- Distribuição da salinidade

Grandes extensões de terra no mundo são naturalmente salinas ou sofrem uma salinização secundária em resultado da irrigação ou em climas quentes com atmosferas evaporantes. Este facto constitui uma séria ameaça ao desenvolvimento agrícola em muitos países (Houchi e Coudret, 1994).

As superfícies perdidas anualmente para a agricultura devido à salinização secundária variam entre 10 e 20 milhões de hectares por ano, consoante os autores (Cheverry, 1995), mas é sobretudo o grande aumento das superfícies irrigadas, muitas vezes acompanhado de uma má gestão dos recursos hídricos, que é responsável pela expansão e diversificação dos meios salinos. Dos 280 milhões de hectares atualmente irrigados no mundo:

-75,6 milhões de hectares, ou seja, 27%, já estão afectados pela salinidade.

-140 milhões de hectares, ou seja, 50%, estão ameaçados a longo prazo pelas alterações climáticas e pela salinidade (Larsam, 1995).

Estima-se que mil milhões de hectares de terra em todo o mundo sejam afectados pela salinidade, principalmente nas regiões áridas e semi-áridas.

Resistência à salinidade

A expressão das plantas à salinidade resulta tanto em stress hídrico, devido aos efeitos osmóticos do sal, como em stress químico, principalmente devido aos efeitos tóxicos do sódio. Avaliar a resposta à salinidade de uma dada espécie ou variedade não é, portanto, uma tarefa fácil, devido à influência exercida por uma série de factores que são frequentemente difíceis de controlar (Shannon et al., 1985; Amrar, 1993).

Dependendo do grau de salinidade do ambiente circundante, as espécies vegetais podem ser agrupadas em halófitas e glicófitas.

As glicófitas são plantas que podem viver num ambiente salgado, mas que crescem melhor num ambiente sem sal. As halófitas, por outro lado, são plantas que precisam de sal para crescer. São, portanto, plantas que vivem sempre num ambiente salgado (Hubac, 1990).As plantas superiores expostas à salinidade desenvolveram mecanismos fisiológicos que lhes permitem viver num solo halomórfico.

a- Evitar

- **exclusão**

Este fenómeno é bem conhecido nas halófitas que, em dias de sol, segregam sais sob a forma de funis visíveis na superfície das suas folhas (Batamouny, 1993). Segundo Schubert et al 1980 citado por Amrar em 1993, a exclusão do sódio ocorre a dois níveis. Em primeiro lugar, através de um mecanismo que restringe a absorção de Na^+ pelas raízes das plantas, em particular reduzindo a permeabilidade das células das raízes aos iões Na^+ e, em segundo lugar, através da exclusão de Na^+ pela membrana plasmática dos tecidos condutores durante a troca de K^+ Na^+ .

A exclusão de sais permite manter um equilíbrio iónico na presença de uma concentração elevada de catiões monovalentes, na sequência da captação selectiva de Ca^{++} na membrana plasmática (Alem et al., 2005).

Em condições de stress salino, há uma diminuição da relação cálcio/sódio no ambiente radicular, o que afecta as propriedades da membrana, levando a uma quebra na integridade da membrana (Kramer et al., 1995; Kinraide, 1998).

Isto favorece um aumento do teor de Na^+ no interior das células, o que pode alterar a atividade enzimática, resultando em mudanças no metabolismo, na absorção de K^+ , na divisão celular e pode mesmo afetar a regulação estomática (Epstein, 1998). Além disso, a adição de Ca^{+2} ao ambiente radicular na presença de sal mantém ou aumenta a absorção selectiva de potássio, o que evitará os efeitos deletérios do excesso de Na^+ (Epstein, 1998; Da Silva et al., 2003).

Outro papel atribuído à adição suplementar de Ca^{2+} é a sua contribuição para o ajustamento osmótico, melhorando a acumulação de corpos orgânicos dissolvidos (Colmer et al., 1996; Girija et al., 2002).

Foi demonstrado que uma proteína de ligação ao Ca^{++} , homóloga às subunidades reguladoras das proteínas fosfatases, é um fator determinante da sensibilidade das plantas de arabidopsis à salinidade (Christophe e Michel, 2000).

Durante este período, a acumulação de Na^+ em certas halófitas ocorre apenas nas raízes e no hipocótilo, sendo a exclusão, neste caso, assegurada pela parte aérea (Levitt, 1980).

Nas glicófitas, como o feijão, as plantas excluem geralmente o sódio das suas folhas, embora este ião seja frequentemente acumulado nos caules e nas raízes (Hubac, 1990).

- **acumulação**

podem geralmente acumular-se preferencialmente nas células ou tecidos especializados da raiz, caule ou folha, como no sorgo exposto ao Na Cl, que concentra os iões Cl^- nas células parenquimatosas da bainha da folha (Boursier e Lauchli, 1989).
Na Atriplex halimus estão sequestrados nos órgãos.

Segundo o mesmo autor, nas glândulas salinas, o Na^+ é geralmente transportado ao longo de um gradiente eletroquímico: não é bombeado mas acoplado eletricamente ao Cl^-. A acumulação ocorre mais nas folhas do que nos caules e nas grandes raízes; a nível celular, ocorre no vacúolo. A acumulação é contínua, uma vez que a absorção de água é contínua ao nível da raiz, e o bloqueio dos sais é dificilmente possível, uma vez que seria demasiado dispendioso em termos de transporte ativo (Gerhard, 1993).
O sal pode também acumular-se ativamente nos pêlos, que morrem, se desprendem e são substituídos por novos pêlos (Leclerc, 1999).

- **diluição**

Num ambiente salino, o crescimento está intimamente dependente da manutenção da turgescência celular.
A diluição dos sais absorvidos está muitas vezes ligada, nas plantas resistentes, a uma grande retenção de água e ao desenvolvimento da suculência (Hamza, 1980).
Em muitas halófitas encontradas em pântanos salgados, grandes quantidades de sais podem acumular-se nos caules folhosos sem resultar numa elevada concentração de sais, porque à medida que os sais atingem os órgãos aéreos, estes tornam-se carnudos através do desenvolvimento de grandes células ricas em água que diluem os sais (Levitt, 1980).

b-Tolerância ao baixo potencial hídrico

A tolerância é o conjunto de mecanismos libertados pela planta em resposta a uma limitação imposta, permitindo-lhe ultrapassar esse período crítico e reproduzir-se. Esta resistência pode ser adquirida de duas maneiras diferentes. Pode ser conseguida em diferentes potenciais hídricos; altos ou baixos (Hisiao e Acevedo, 1974 in Rekika, 1997).

- **ajustamento osmótico**

No caso de uma queda do potencial hídrico, a tolerância exprime-se pela manutenção da turgescência, possibilitada por fenómenos de ajustamento osmótico (acumulação de solutos) (Monneveux e This, 1997). A osmorregulação é um importante mecanismo de adaptação das plantas tolerantes à salinidade (Torrecilla, 1993; Azevedo et al., 2004).

O malato, cuja síntese é efectuada pela PEPC, tem sido frequentemente considerado como um dos solutos orgânicos capazes de baixar o potencial Este metabolito poderia desempenhar o papel de osmótico e participar assim no mecanismo de adaptação ao stress salino. De facto, a atividade elevada da PEPC na presença de Na Cl numa variedade tolerante de trigo pode ser interpretada como um processo que contrabalança a penetração excessiva de catiões inorgânicos, nomeadamente Na+, pelos ácidos orgânicos, principalmente o ácido málico, o que explica a melhor tolerância ao sal (Whittingten e Smith, 1992).

Numa planta em situação de stress salino, o equilíbrio osmótico é mantido pela acumulação de oses, polióis, aminoácidos (nomeadamente a prolina) e sais de potássio. O equilíbrio entre o potencial hídrico do citoplasma e o do vacúolo e do apoplasma (Leclerc, 1999). Estes solutos ajudam a regular as variações de pH no citosol e a desintoxicar o excesso de NH_4 (Gilbert et al., 1998). A acumulação de compostos orgânicos nas raízes favorece a absorção de água do solo (Robinson et al., 1997). Neste caso, as células exercem pressão osmótica, o que cria uma necessidade de água e, consequentemente, diminui o potencial hídrico das células. Este ajustamento permite manter a taxa de crescimento e a fotossíntese (Azevedo et al., 2004).Da Silva et al., 2003, mostraram que o nível de acumulação de glicina betaína está correlacionado com o grau de tolerância à salinidade.Para além do seu papel osmótico, a glicina betaína estabiliza a estrutura das proteínas intrínsecas PSП, protege as membranas plasmáticas e ativa enzimas em cevada e arroz (Melloni et al. , 2004).

Segundo o mesmo autor, a salinidade não afecta a acumulação de prolina, que não parece desempenhar um papel importante nos mecanismos de tolerância à salinidade. Certos iões como o K^+ , o Ca^{++} e o Na^+ estão também envolvidos no ajustamento osmótico. Estes iões têm de ser acumulados no vacúolo, uma vez que concentrações elevadas são tóxicas para a célula. O transporte destes iões para o vacúolo requer energia (Ungar, 1996; Azevedo et al., 2004).

- **Tolerância à desidratação**

A superioridade de uma espécie tolerante à salinidade é demonstrada por uma maior resistência dos tecidos à desidratação e por uma maior velocidade de absorção e transporte de cloro e de sódio nas folhas.

Numerosos estudos mostraram o papel das membranas celulares na resistência das plantas à desidratação (Pha m thi et al., 1985).
No caso de certas espécies sensíveis à desidratação, a organização geral da célula pode ser afetada, na medida em que conduz à destruição de certos organelos celulares. Os tonoplastos dividem-se em pequenos vacúolos, as cristas mitocondriais degradam-se e os cloroplastos perdem a sua organização molecular (Da Silva, 1976 in Adjab, 2002). A degradação dos lípidos e das proteínas das membranas também perturba fortemente o funcionamento celular e provoca uma redução da permeabilidade selectiva, o que influencia as trocas moleculares intercelulares e o transporte de electrões (Nilson et al., 1996), Christophe e Michel, em 2000, mostraram que um motivo de cinco pares de bases, conhecido como DRE (dehydration responsive element) ou LTRE (lowtemperature responsive element), desempenha um papel fundamental na indução de genes por desidratação, frio e salinidade, independentemente do ácido abscísico.

c- Tolerância a um potencial hídrico elevado

- **reduzir as perdas de água**

A redução do fluxo de água através da planta mostra, no entanto, que a ação do sal é semelhante à da seca, mesmo quando as plantas ajustaram a sua concentração.
Segundo Turner em 1986, a manutenção de um potencial hídrico elevado nas folhas está ligada à capacidade da planta de extrair água do solo e à sua capacidade de limitar a perda de água por transpiração. Para minimizar estas perdas, as folhas reduzem o seu tamanho e podem mesmo desaparecer; diminuem de tamanho enrolando-se e dobrando-se sobre si próprias (Bidinger et al., 1989), pelo que a queda das folhas no verão para as plantas das regiões semi-áridas reduz consideravelmente a transpiração (Heller et al., 1998). Além disso, a pilosidade e a cor clara das folhas induzem um aumento da refletividade, o que leva a

uma redução das perdas de água (Al hakimi, 1993). A redução da abertura dos estomas permite preservar rapidamente o estado hídrico da planta, mas é acompanhada por uma redução das trocas gasosas e, por conseguinte, da fotossíntese (Levitt, 1980).

O princípio de funcionamento dos estomas baseia-se essencialmente nas variações do potencial de turgor na célula-guarda, que são determinadas por numerosos factores, alguns dos quais ligados ao ambiente e outros à própria planta (Heller et al., 1998).

Por outro lado, os estomas estabelecem uma ligação entre o meio externo e o parênquima foliar, com trocas envolvendo água e CO_2 . Quando os estomas estão fechados, a planta limita a sua transpiração, mas, ao mesmo tempo, diminui a entrada de CO_2 (Semiani, 2000). Outros autores atribuem o mecanismo de fecho dos estomas ao controlo hormonal (ácido abscísico) (Tardieu et al., 1990); e também à acumulação iónica (K^+ Cl^- e Na^+) (Alarchon et al., 1993).

O potássio desempenha um papel importante na regulação osmótica dos movimentos de abertura do tomateiro. Sob o efeito da luz, as células-guarda, provavelmente através de uma bomba iónica, acumulam os iões activos K^+ , que são libertados novamente no momento do fecho seguinte. No milho em stress salino, a redução do teor de potássio nas folhas e nas raízes deve-se à competição entre este ião e o sódio, resultando numa alteração metabólica na sequência da toxicidade do ião ao nível das raízes (Azevedo et al., 2004).

Segundo Christophe e Michel, em 2000, existem canais de potássio e de cálcio na membrana vacuolar da célula-guarda, que desempenham um papel fundamental na regulação do volume celular.

- **Transpiração epidérmica**

A transpiração ocorre principalmente através dos estomas, mas também pode ocorrer através da cutícula se esta estiver suficientemente desenvolvida.

Só esta transpiração cuticular se mantém quando os estomas estão fechados (Lafon et al., 1985).

Para além da transpiração estomática e cuticular, os troncos jovens sofrem transpiração lenticular, com a evaporação da água através das lenticelas da cortiça (Heller et al., 1998).

A transpiração epidérmica é definida como a taxa de transpiração durante a abertura mínima dos estomas: É a soma da transpiração cuticular residual e da transpiração estomática (Clark et al., 1991;

Michow et al., 1989 in Rekika, 1997). A relação entre a transpiração cuticular e a transpiração estomática (em condições favoráveis) depende da espécie. Em espécies adaptadas a climas secos, representa 1/50 da transpiração total (Heller et al. , 1998).

- **O sistema radicular**

O sistema radicular desempenha três funções essenciais nas plantas: é especializado na absorção de água e de sais minerais do solo, é responsável pela fixação sólida da planta aos substratos através do crescimento e da ramificação para baixo e, por fim, acumula reservas (Camfort, 1980). Callot et al (1982) in Guettouche 1998, salientam que existe uma estreita dependência entre as partes aéreas e o sistema radicular das plantas. O sistema radicular recebe dos órgãos aéreos os hidratos de carbono necessários ao crescimento, fornecendo ao mesmo tempo à planta água e elementos minerais. No entanto, a relação entre o crescimento das partes aéreas e o das raízes pode variar muito, em função das condições do meio e do estádio fenológico da planta, sendo de notar que a água de imbibição que se evapora por transpiração deve ser permanentemente substituída por água do solo, que é absorvida pelas raízes e mantém o funcionamento da planta (Vilain, 1987).
De acordo com Ali Dib et al, 1992; Sehabi, 2000, a manutenção deste tipo de funcionamento é assegurada pelo aumento e profundidade do eixo principal, permitindo explorar as reservas de água dos horizontes mais profundos, pelo que uma grande superfície de desenvolvimento do sistema radicular na cevada pode contribuir de forma significativa para a obtenção de rendimentos elevados em condições de stress (Gan et al., 2000).

II - A PLANTA

1-Biologia da espécie

Atriplex halimus

As plantas do género Atriplex encontram-se na maior parte das regiões do mundo. Pertencem à família das Chenopodiaceae e caracterizam-se pela sua grande diversidade (Kinet et al., 1998). A Atriplex halimus ocorre espontaneamente numa área relativamente vasta que abrange os países do Norte de África e do Próximo e Médio Oriente, desde as Ilhas Canárias até ao Irão, passando pelo Sul da Argélia. Na Europa, a

Atriplex halimus encontra-se ao longo de toda a costa norte do Mediterrâneo e também na Bulgária (Aouissset, 1992). A regeneração natural ocorre principalmente nas depressões mais ou menos salinas da periferia dos sebkhas nas regiões áridas, e encontra-se por vezes em afloramentos geológicos de gesso salino (Aouissset, 1992).A Atriplex parece ser a planta mais adequada para o desenvolvimento de zonas salinas, uma vez que pode reduzir a salinidade do solo em cerca de 1100Kg Na Cl/ha/ano (Franclet et le Houerou, 1971).

Aspeto morfológico :

É um arbusto que cresce em tufos muito densos com um aspeto prateado. Quando não está sujeito ao pastoreio, pode atingir até quatro metros de altura e formar formas difíceis de penetrar (Negre, 1961).

As folhas da Atriplex halimus têm entre 2 e 6 cm de comprimento, são alternas, simples, inteiras, com um pedúnculo curto, arredondadas, ovais quando jovens, triangulares, mais ou menos lanceoladas depois, de cor verde prateada e mais ou menos carnudas, brilhantes, cobertas de pêlos vesiculosos (Duperat, 1997).

As raízes desta planta são grandes, espalham-se inicialmente de forma oblíqua e depois enterram-se a uma profundidade que varia consoante o solo e a idade da planta (Negre, 1961).

A inflorescência parece ser um racemo de cimas, compreendendo flores masculinas com cinco pétalas e cinco estames e flores femininas sem perianto, cujo gineceu é constituído por um ovário encimado por dois estilos e envolvido por duas brácteas triangulares opostas (HCDS. 1996).Segundo Kinet et al. 1998, existe um gradiente temporal na expressão sexual. A protandria parece caraterizar a espécie.

Aspeto anatómico :

A folha: sabe-se que a resistência ao stress salino está relacionada com a capacidade da planta para acumular sal nos seus órgãos, pelo que se observou que as folhas das halófitas, em particular as de certos atriplexes, têm glândulas de sal que servem para eliminar ativamente e depositar NaCl nas grandes células ciliadas em forma de esfera que se observam na superfície da folha (Guignard et al., 2004). Outra caraterística anatómica destas plantas é a presença de uma bainha perivascular à volta dos tecidos condutores no mesófilo (Heller et al., 1998; Elena et al., 2001). Esta bainha contém cloroplastos que são muito pobres em grana; o mesofilo, cujos cloroplastos têm uma estrutura clássica de grana, tem poucas ou nenhumas lacunas (Martin et al., 1995). A comunicação entre as células do mesofilo e da bainha é facilitada pela presença de numerosos plasmodesmas. Esta estrutura permite que estas plantas desenvolvam um elevado nível de assimilação da fotossíntese C4, a fim de reduzir as perdas de água por transpiração em paralelo com a absorção de CO_2 (Luttge et al., 1996).

O caule :

Um corte transversal de um caule de Atriplex halimus mostra o seguinte: os feixes liberais lenhosos primários, localizados em contacto com a medula, adquiriram formações secundárias através da atividade do câmbio anormalmente funcional. Este é constituído por uma grande zona meristemática que produz tecido condutor na sua superfície interna. Os derivados diferenciam-se em ilhas de floema sobrepostas a manchas de vasos e parênquima, ou em fibras (Robert e Catesson, 1990). Mais tarde, formam-se sucessivamente câmbios supranumerários. Na periferia da secção há uma formação de periderme que vai diferenciar o xilema no interior, enquanto no exterior já diferenciou uma camada de súber (Gayral et al., 1961).

A raiz: na raiz, tal como no caule, os câmbios aparecem sucessivamente desde a periderme até à medula, consoante o caso, produzindo madeira livre e supranumerária depois de o câmbio inicial ter deixado de funcionar (Gayral et al., 1961).

Condições ecológicas

Ao nível da planta inteira, o carácter halófito da espécie foi confirmado (Kinet et al., 1998). Esta espécie é espontânea em zonas bioclimáticas semi-áridas a pré-saarianas, e as suas exigências climáticas são as seguintesTolerante a temperaturas mínimas de 5 a 10°C e a temperaturas máximas entre 30 e 30,8°C (HCDS, 1996), requer uma pluviosidade média anual de 150 a 1000 mm e é resistente à salinidade e ao frio, mesmo com mínimas absolutas de cerca de -10°C (El Aich, 1987). Ocupa os sebkhas e as margens dos wadis; adapta-se bem a solos profundos, compactos e siltosos. Também pode crescer em crostas alcalinas de gesso de 0 a 1500 m (HCDS, 1996).

2-Espécies de interesse :

Alimentação animal - esta espécie é uma forragem popular para camelídeos, particularmente ovelhas e cabras, especialmente durante períodos de seca (Ben Ahmed et al., 1996; Mohd'elkhair et al., 2003). O valor forrageiro desta espécie foi estimado em 0,56UF/Kg de matéria e o seu teor de proteínas brutas varia entre 12 e 18 kg de matéria seca (Mohd'elkhair et al., 2003). Redução da erosão e degradação do solo - A instalação de um dossel de atriplex em locais salinos de outra forma nus contribui muito para reduzir a erosão eólica e hídrica. Esta planta tem um hábito de crescimento rasteiro e escolhe naturalmente os seus caules, duas caraterísticas excelentes para evitar a erosão do solo. Além disso, os caules marcantes resistem melhor ao pastoreio intensivo (Pourrat et al., 1994).

Melhoria estética - À volta de muitas cidades em zonas áridas existem grandes extensões de solo salino pouco atrativo, que são uma fonte de poeira soprada para a cidade pelo vento. Os arbustos Atriplex, que atingem cerca de 1,50 a 2 m de altura, são uma forma possível de evitar a poeira e melhorar as condições de vida e a estética da zona (Le Houérou, 2000).

III- Caraterísticas da água

A água é um elemento essencial para todos os seres vivos (Heller et al., 1998). É sempre o componente essencial do peso de uma célula ativa. Em geral, o teor de água dos tecidos vegetais mantém-se entre 60 e 90% do peso fresco (Kramer et al., 1995). A nível celular, a água contribui para a manutenção das estruturas e permite a realização do metabolismo através da pressão de turgescência que exerce sobre as paredes. Contribui igualmente para o crescimento das plantas, controla vários movimentos dos órgãos e das células e contribui para o alongamento das células. No organismo, serve de veículo para os nutrientes (Heller et al., 1998).

1- Água no solo :

Ligações de água :

A água está ligada aos constituintes do solo por duas categorias de forças: **a- forças osmóticas:** estas são devidas às atracções exercidas sobre a água pelos iões na solução do solo.

b- **forças matriciais**: reflectem as ligações entre a água e o

A estrutura figurativa do solo (matriz):

► **As forças de imbibição**: devido às atracções electrostáticas exercidas entre as cargas negativas dos colóides e os pólos positivos da água.

► **Forças capilares**: devido a fenómenos de tensão superficial, que retêm a água em interstícios finos. Como

as forças osmóticas, as forças capilares, exceto em solos ressequidos ou salinos, não colocam problemas à planta e é o maior ou menor teor de coloides do solo que regula, para uma humidade igual, a disponibilidade de água (Heller et al., 1998).

Aspectos agronómicos :

Capacidade de campo :

Quando um solo está saturado de água (chuva ou irrigação), a sua humidade relativa, uma vez ocorrido o escoamento superficial, é a sua capacidade máxima de retenção. Muito rapidamente (algumas horas), parte desta água escorre por gravitação ou evapora, pelo que a humidade é, se não constante, pelo menos suficientemente estável para fornecer uma avaliação da capacidade de retenção de água. Esta humidade é a capacidade ch amp (Heller et al., 1998).

Ponto de murcha :

O ponto de murcha permanente é o teor de humidade de um solo no qual uma planta murcha irreversivelmente (areia 5%, silte 12%, argila 27%, turfa 50%) e tem interesse porque é uma caraterística do solo; o seu valor depende pouco das plantas (Morel, 1989).

A reserva útil

A diferença entre a capacidade de campo e o ponto de murcha mede a quantidade de água disponível para a planta ou a reserva útil para o solo **R.**U(Clement, 1998).
Uma parte da **UC** é absorvida pela planta sem reduzir o seu crescimento: esta fração é designada por reserva facilmente utilizável. **R.F.**U. **e** é mais frequentemente estimado em dois terços do valor do

R.U. em solos pobres e entre metade e dois terços em solos profundos (Gate, 1995).

2- Água nas plantas :

O teor de água das plantas

É determinada pela comparação da massa de matéria fresca com a massa de matéria seca obtida por dissipação e depende do órgão e da espécie, em determinadas condições.
Este teor é uma caraterística genotípica que está ligada à capacidade da planta de manter um nível de água na folha capaz de garantir a

continuidade da atividade metabólica (Heller et al., 1998).

Potencial hídrico

O potencial hídrico (Ψ) expressa o estado de ligação da água dentro dos tecidos da planta.Ψ é uma quantidade termodinâmica negativa (Heller et al.,1998) que determina a direção da troca de água entre dois pontos de

É medida em unidades de pressão: equivalente à energia por volume (Laval-Martinet al., 1979).

A diferença de potencial é a força motriz de todo o movimento da água no organismo, determinando a sua direção, ou seja, para o local onde o potencial é mais baixo (mais negativo), na direção de um gradiente de potencial decrescente (Clement et al., 1998).

Na célula vacuolada, o potencial hídrico é determinado pelo potencial hídrico do suco celular, ou seja, pelo potencial osmótico do conteúdo vacuolar (Gerhard, 1993).

De acordo com Heller et al, 1998, as forças osmóticas estão principalmente envolvidas no vacúolo e o potencial osmótico que criam, devido aos iões minerais e orgânicos, é sempre negativo e de valor igual e oposto ao da pressão osmótica.

Absorção de água

As raízes funcionam como uma interface entre a planta e o solo, proporcionando contacto com o ambiente. O método e a extensão da colonização do solo determinarão, portanto, em grande medida, a absorção de água e de iões minerais (Hopkin, 2003). A raiz só pode absorver se o seu potencial de sucção for inferior ao potencial do solo (Leclerc, 1999).

O potencial hídrico das células diminui regularmente na casca, desde os pêlos absorventes até à endoderme e, embora depois aumente ligeiramente, continua a existir uma diferença apreciável entre os potenciais dos vasos e os do solo (Lafon et al., 1996; Heller et al., 1998). Além disso, a turgescência das células parenquimatosas é geralmente superior à dos vasos, o que significa que a água tende a penetrar nestes últimos devido à pressão mecânica exercida pelas paredes das células vizinhas (Heller et al., 1998). A difusão da água para os tecidos do xilema não poderia, portanto, ocorrer sem este intenso transporte ativo de iões, na origem do que se designou por root flushing, que só se verifica se as raízes estiverem bem arejadas (Laval Martin et al., 1995), 1995). Recentemente, foi descoberto um outro modo de regulação: as principais proteínas intrínsecas das membranas biológicas funcionam como canais de água, ou seja, facilitam a difusão da água, designadas por aquaporinas (Heller et al., 1998; Christophe et al., 2000), e a expressão específica de numerosos genes de aquaporinas nas plantas sugere que estas proteínas estão envolvidas no transporte de água, em vários órgãos e em várias fases do desenvolvimento da planta (Chistophe et al., 2000).

Trânsito de água

Ao longo do seu percurso através do tecido da casca até ao cilindro central, a água e os iões dissolvidos que contém seguem dois caminhos. Em primeiro lugar, atravessa as paredes, difundindo-se livremente nos espaços interfibrilares, e propaga-se relativamente até à endoderme: é o chamado transporte apoplásmico (Lafon et al., 1996). No entanto, os depósitos de substâncias hidrofóbicas impermeabilizam as paredes celulares da endoderme, obrigando a água a seguir a única via possível: a via simplasmática (Gerhard, 1993). A água absorvida pelas raízes é canalizada para o cilindro central, de onde é descarregada para os vasos do lenho ou xilema, contendo sais minerais em solução, que também são absorvidos do solo. Constitui então a seiva bruta (Heller et al., 1998). Numa primeira aproximação, esta via é centrípeta e perpendicular ao eixo das raízes. Por isso, é frequentemente designada por **trânsito horizontal** (Lafon et al., 1996).

A via horizontal é seguida pela migração essencialmente ascendente da seiva bruta. Trata-se de uma condução ou translocação vascular em células mortas esvaziadas do seu protoplasma, que desempenham um papel passivo e cujos alinhamentos constituem os vasos. Estes movimentos d e água terminam na transpiração (Binet et al., 1967).

Vários mecanismos estão envolvidos para explicar a ascensão da seiva bruta no caule. O primeiro é a capilaridade (Heller et al., 1998), o crescimento radicular: trata-se de uma subida ativa que corresponde a um trabalho real das células da raiz (Binet et al., 1967) e que desempenha um papel importante quando a transpiração é baixa, mas, na maior parte das vezes, é a transpiração que constitui o principal motor da subida da seiva (Heller et al., 1998).

O efeito da salinidade

O stress salino é definido como a presença de concentrações excessivas de sais solúveis no solo, resultando em danos para a planta que vão desde uma ligeira queda no rendimento até à deterioração total

da planta (Amrar, 1993; Wiliam et al., 1998). Segundo o mesmo autor, trata-se de um fenómeno altamente complexo que envolve a interação solo-água em relação a uma série de factores, todos eles influenciando a extensão do stress e os danos que provoca.
A salinidade afecta todos os processos fisiológicos da planta. Em particular, reduz o crescimento em altura. No entanto, algumas variedades de trigo toleram melhor a água ligeiramente salobra do que outras (M'barek et al., 2001).
A inibição do crescimento pode ou não ser reversível. Depende do nível de concentração e da duração da exposição. Esta redução do crescimento é atribuída ao número limitado de células ou ao seu pequeno tamanho (Amrar, 1993).
O efeito depressivo do sal afecta mais os órgãos aéreos do que as raízes, sendo mais evidente nas folhas jovens e em crescimento. Esta diferença de sensibilidade entre os órgãos de absorção e os órgãos fotossintéticos é caraterística das glicófitas (Brugnoli e Björkman, 1992; Bernstein et al., 1993).
Em 2001, M'barek et al. mostraram que o crescimento de caules, folhas e raízes é significativamente reduzido quando a salinidade excede 4 g/l em certas variedades de trigo.Mozafar et al., 1984, inPourat et al, 1994 observaram, em Atriplexhalimus cultivada em soluções nutritivas com diferentes rácios de concentração de Na+ e K^+ , que os melhores resultados de crescimento eram obtidos quando o rácio era igual a 1. Isto dever-se-ia a uma interação bioquímica positiva entre estes dois elementos, talvez ligada a um equilíbrio iónico favorável ao funcionamento de certos sistemas enzimáticos.A salinidade também afecta o desenvolvimento das plantas. Por exemplo, o NaCl atrasa a floração nas cultivares de arroz (Amrar, 1993). No tomateiro, a salinidade reduz a altura das plantas, o tamanho dos frutos e favorece a precocidade, mas aumenta a senescência das folhas do feijão e o número de flores por planta no algodão (Levitt, 1980).

CAPÍTULO II
EQUIPAMENTOS E MÉTODOS

A- Material vegetal

O efeito do stress salino foi estudado em plantas de Atriplexhalimus retiradas da mesma planta-mãe na estação universitária de Senia (Oran). As sementes de Atriplexhalimus foram despojadas manualmente das suas válvulas de frutificação, a fim de obter uma melhor taxa de germinação e uma emergência rápida. Em seguida, foram desinfectadas por imersão em hipoclorito de sódio a 8% durante 5 minutos e enxaguadas com água destilada.
Em primeiro lugar, as sementes são colocadas em tabuleiros cheios de turfa e embebidos em água destilada. Logo que aparecem as primeiras folhas, as plântulas são transplantadas individualmente para vasos.

B-MÉTODOS

1 - Condições experimentais a- O local de experimentação
O estudo foi realizado numa estufa em condições semi-controladas no Institut des Sciences Agronomiques de Tiaret. Durante a experiência, a temperatura diurna foi mantida a cerca de 28°C e a temperatura nocturna a 15°C, enquanto a humidade relativa foi de aproximadamente 70% e o grau de iluminação foi mantido a 12 horas por luz artificial.
b- o substrato

O ensaio foi efectuado em vasos de plástico com um diâmetro interno de 15 cm e uma altura de 18 cm. Cada vaso foi preenchido com um substrato constituído por uma mistura de areia e turfa com proporções de 2 -1 e uma capacidade de retenção estimada em 30%.
A areia utilizada é primeiro lavada com aguardente de sal, enxaguada com água destilada para remover os cloretos e carbonatos e depois seca ao ar.

c-equipamento experimental

As plantas Atriplex são tratadas com dois tipos de sal

- A solução $NaCl+CaCl_2$ a 400 meq/l e 600 meq/l.
- Água do mar diluída a 50% e não diluída (água do mar pura).

Cada tratamento foi constituído por 15 réplicas.

O substrato é irrigado com uma dose diária de água baseada na evapotranspiração diária de cada vaso. Após o aparecimento das três primeiras folhas, a água de rega é substituída por uma solução nutritiva comercial diluída a $1/1000^{ème}$, até à aplicação de stress salino.
Com as plantas correspondentes aos tratamentos de stress, a irrigação foi feita de três em três dias até ao fim da experiência, utilizando a solução de Na Cl+CaCl2 e água do mar.

Quadro 2 - Composição da solução nutritiva

	O elemento		em	g/ 1 Peso
	KNO 3			191.920
	(NO3)2 Ca4 H2 O		%	
O componentes principais	NO3 NH4 SO4 Mg7 H2 O PO4 H2 K			129.8 210 61.5
	PO4 K2 H3 H2 O			54.4
				34.23
		Cl2 Mn4H2 O	1.8	
		CuSO4 5 H2 O	0.176	
		ZnSO4 7 H2 O	0.219	
O traço		H3 BO 3	2.861	
elementos		Mo7 O24 (NH4) 7	0.285	
	H2 O		0.05	
		EDTA férrico		
		C10 H12 Fe N2 Na O 8		

2 - Técnicas de análise

Todos os testes foram efectuados nos dois ensaios, com medições efectuadas separadamente em diferentes fases da folha, em função dos parâmetros hídricos estudados.

a- parâmetros fisiológicos

As alterações do estado hídrico da planta foram medidas através do controlo do teor de água e do potencial osmótico da planta. Para o efeito, foram efectuadas duas séries de medições: no início e no final do stress.

- A perda de água através da folha excisada (RWL) e o teor de água da folha (RWL). de água (TRE)A perda de água é frequentemente considerada um bom indicador do estado hídrico da planta, pois está ligada ao volume celular e à taxa de transpiração (Schonfeld et al., 1988).A caraterística é determinada pelo método de Ladiges (1975), usado por Clarke et al., 1982 e Rascio, 1988.Para a medir, a folha é cortada na base da lâmina foliar e imediatamente levada para o laboratório, onde é deixada na bancada em condições ambientais de laboratório. Meia hora mais tarde (fecho parcial teórico dos estomas), procedeu-se a uma primeira pesagem (P1). Após uma hora de desidratação, foi efectuada uma segunda pesagem (P2). Na mesma amostra, foi medida a superfície foliar (LSA) (em cm^2) com um planímetro eletrónico. A transpiração residual foi calculada da seguinte forma:

RWL (mg H_2O .cm-^{2}.m^{-1}) =P1 -P2 / SFxTx

RWL = taxa de transpiração.

P_1 = peso das folhas após uma hora. P_2 = peso inicial.
Sf= área foliar. Tx= tempo (60 min).

O teor relativo de água (RWC) foi medido numa folha bem desenvolvida, segundo o método de Barrs e Weatherley (196 2). A lâmina foliar, excisada na sua base, foi imediatamente pesada para determinar o peso fresco (Pf), e a extremidade cortada foi depois colocada num tubo de ensaio contendo água destilada e colocada no escuro a 2°C durante 24 horas. A pesagem das folhas após a reidratação permite obter o peso de reidratação (Pr).
O peso seco (Ps) é determinado depois de as amostras serem colocadas numa estufa a 80°C durante 48 horas. O TRE é calculado utilizando a seguinte equação:

ERR (%) = Pf-Ps / Pr-Ps x100

Pf= peso fresco,

Pr= peso de saturação, Ps= peso seco

- **Potencial osmótico**

Este parâmetro é medido com um osmómetro automático (VAPRO) (fig.3), que determina o ponto de evaporação das soluções aquosas. A diminuição do ponto de congelação em relação à água destilada permite medir diretamente a concentração molar.

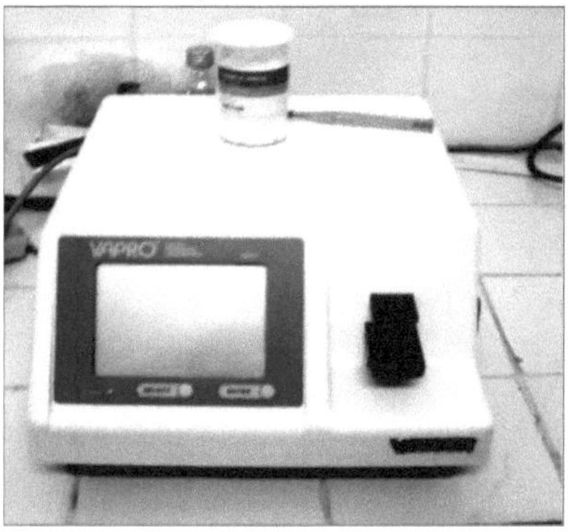

Fig.3 - Fotografia do osmómetro automático (VAPRO) para a medição de potencial osmótico.

- **resistência estomática**

A resistência estomática ($s.cm^{-1}$) é medida com um porómetro (Fig.2). A folha utilizada para a medição é colocada de forma a que o termopar do aparelho esteja em contacto com o centro da folha. As leituras são corrigidas em função das variações de temperatura, da humidade relativa do ar e das temperaturas da folha e do ambiente, a fim de exprimir os resultados em relação a 20°c.

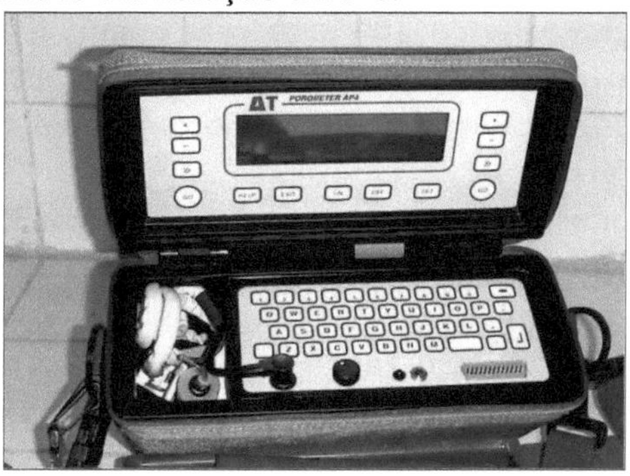

Fig.2 - Fotografia de um porómetro para medir a resistência e a condutância estomática

b - Parâmetros bioquímicos

Teor de cera :

A lâmina foliar da penúltima folha é cortada na base e mergulhada num tubo de ensaio, previamente lavado e pesado (P1). Adiciona-se clorofórmio ao tubo para enxaguar a folha e extrair toda a cera. A área foliar (AF) foi medida com um planímetro eletrónico. O tubo de ensaio contendo o clorofórmio e a cera foi seco numa estufa durante 24 horas a uma temperatura de 45°C, sendo depois pesado (P2). O teor de cera por unidade de superfície (cm^2) é determinado pela diferença de peso do tubo antes e depois da extração da cera.
Taxa de cera ($mg.cm^{-2}$)= P2 -P1/SF TC= taxa de cera.
P_{TE} = Peso do tubo após extração da cera.

P_{T1} = Peso inicial do tubo de ensaio. S_F = Área foliar.

Determinação dos açúcares solúveis

Os açúcares (glucose, frutose e sacarose) são medidos segundo o método de Shields e Burnet (1960), utilizado por Kourichi (1992) e Rekika (1997). Estes açúcares são extraídos após maceração num solvente capaz de os solubilizar e de bloquear a atividade enzimática suscetível de os degradar. O princípio da reação baseia-se na condensação dos produtos de degradação das oses neutras pelo ácido sulfúrico: este último, muito concentrado, transforma as oses a alta temperatura em derivados furfurais que dão uma cor azul-esverdeada com antrona, medida por colorimetria a 585 nm. Colhe-se material vegetal (cerca de 100 mg) do terço médio da folha e deixa-se em repouso durante 24 horas em 5,25 ml de etanol a 80%; toma-se 2 ml do extrato previamente diluído 10 vezes com etanol a 80% (extrato A); adiciona-se ao extrato o reagente (extrato B). foi preparado 4 horas antes do ensaio numa concentração de 2 g de antrona pura adicionada a 1000 ml de ácido sulfúrico (H2SO4). Tomou-se então 2 ml do extrato (A) e adicionou-se a todos os tubos de ensaio, que foram mantidos em gelo fundente. Após agitação, os tubos são colocados num banho de água a 92° C durante alguns minutos. 8 min; em seguida, arrefeceram durante 30 min. no escuro. A absorvância é lida num espetrómetro a um comprimento de onda de 585 min e a concentração é expressa em µmol / g MS

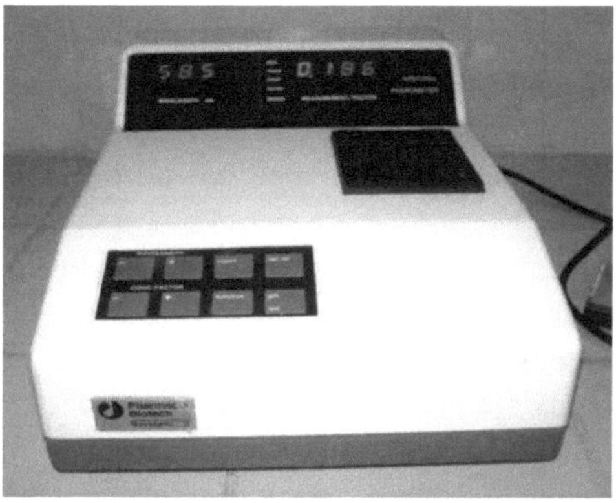

Fig.5 - Fotografia do espetrofotómetro (VAPRO) utilizado para medir a absorvância.

c. Parâmetros morfológicos das partes aérea e subterrânea

- **a parte aérea**

A matéria seca da parte aérea foi obtida colocando-a numa estufa a 80°C durante 48 horas. Esta medição foi utilizada para estabelecer a relação entre a parte radicular e a parte aérea

- **A secção subterrânea**

Uma vez estudada a parte aérea, os vasos são desenterrados e o seu conteúdo é recolhido em tanques cheios de água. As raízes são cuidadosamente lavadas para identificar as seguintes caraterísticas morfológicas:

- o comprimento do eixo principal da raiz sob ambas as tensões

(para $NaCl+CaCl_2$ e água do mar).

- Peso seco das raízes: obtido por secagem em estufa.

a uma temperatura de 80°C durante 48 horas.

d- parâmetros anatómicos

Os factores internos que intervêm na limitação da perda de água são avaliados através de secções anatómicas das folhas e das raízes. Os locais dos tecidos são avaliados segundo o método de Martojaet al., 1967, utilizado por Augier et al., 1982. São necessárias várias etapas para a realização das secções anatómicas das folhas:

- das folhas

A fixação é a fase que bloqueia toda a atividade fisiológica do fragmento vegetal, endurecendo-o. O material é colocado num tubo de ensaio contendo o fixador FAA (ácido formole acético) e as amostras são lavadas em água corrente durante um período igual ao tempo de fixação (24 horas).

A desidratação é efectuada através de passagens sucessivas por banhos de etanol de concentração crescente (50, 90 e 100%), perdendo o fragmento vegetal a água contida no seu conteúdo celular.

A impregnação consiste na imersão da amostra numa mistura igual (50%, 50%) de tolueno e parafina. A primeira fase é efectuada numa estufa a 80°C durante 4 horas. A segunda fase é efectuada utilizando apenas parafina pura, a fim de eliminar o tolueno do fragmento de planta, e o conjunto é devolvido à estufa, seco a 80°C durante uma noite. A inclusão é a fase durante a qual são produzidos os blocos de parafina pura em que são colocadas as amostras. Estes blocos são fixados a um micrótomo motorizado do tipo LEICA RM 2145 para produzir secções com uma espessura de 7 µm.

Uma vez obtidas, as secções são colocadas em lâminas untadas com uma ou duas gotas de água gelatinizada para garantir a total aderência da amostra à lâmina. A desparafinagem é efectuada duas vezes num banho de tolueno: primeiro a quente para remover a parafina e depois 24 horas mais tarde para evitar que as secções se soltem. Em seguida, as secções são retiradas e lavadas em água corrente. Espalha-se sobre a lâmina uma ou duas gotas de bálsamo do Canadá dissolvido em tolueno, que aumenta a transparência ótica, preserva a secção e intensifica a coloração.

As medições são efectuadas com um microscópio equipado com um micrómetro de ocular graduada. Os valores obtidos são multiplicados pelo coeficiente micrométrico específico de cada ampliação para converter os resultados em micrómetros (µm).As medições foram efectuadas na veia principal com um microscópio equipado com um micrómetro de ocular graduada:

- compactação do mesófilo,
- o tamanho do mesofilo (face ventral e face lateral),
- dimensões das células da bainha perivascular,
- o diâmetro dos vasos metaxilimus.

• desde as raízes

A técnica histológica utilizada foi a técnica de seccionamento à mão livre. Esta foi efectuada em raízes de Atriplex fixadas em FAA, nas seguintes etapas: as raízes foram seccionadas para obter cortes transversais com uma lâmina de bisturi. As secções transversais devem ser finas e paralelas ao plano de corte.
As secções foram coradas com alumina carmim e verde de metilo. O conjunto é fixado com uma lâmina e as medições baseadas nas observações são as seguintes:

- ❖O diâmetro dos vasos metaxiliméricos.
- ❖O número de feixes cribrovasculares.
- ❖A espessura do parênquima cortical.
- ❖O comprimento e a largura das células do parênquima cortical.
- ❖a espessura da rizoderme.

Fig.4 - Fotografia do micrótomo (LEICA 2145)

CAPÍTULO III
CARACTERÍSTICAS DA ÁGUA A - PARÂMETROS FISIOLÓGICOS

1 - teor relativo de água

O teor de água da folha fornece informações sobre a turgescência relativa dos tecidos e é um dos critérios utilizados para avaliar a tolerância ao stress. Está ligado à capacidade da planta de manter um nível de hidratação dos tecidos que garanta a continuidade da atividade metabólica. Estes resultados foram estabelecidos e confirmados em numerosos estudos, incluindo os de (Monneveux et al., 1992). Para avaliar o estado hídrico das plantas testadas sob stress salino, monitorizámos as variações do teor relativo de água na primeira fase, uma semana após a aplicação da solução salina, e na segunda fase, após quatro semanas.

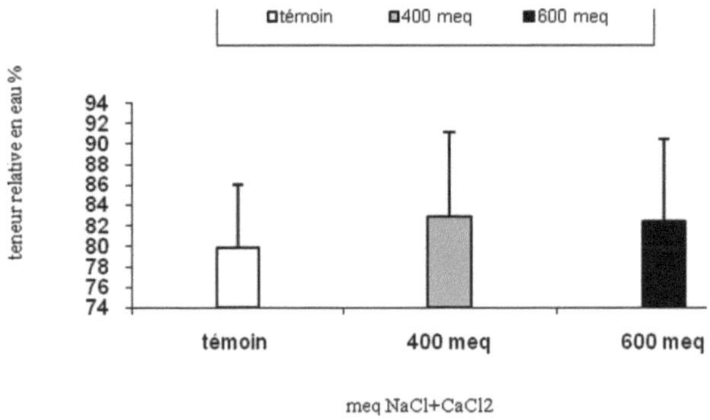

Fig.6 - Teor de humidade (%) das folhas de plantas de Atriplexhalimus L. com 120 dias de idade, medido após uma semana de stress **de NaCl+CaCl2**.

a- teor relativo de água 1 (RWC1)

- **após uma semana de stress salino**

- para $NaCl+CaCl_2$

Os resultados mostram (Tabela 3) que as variações observadas são independentes dos níveis de salinidade impostos (p>0,05). A Figura 6 mostra que o teor relativo de água varia com o aumento da salinidade.

Quando as plantas são regadas apenas com solução nutritiva, o teor de água atinge 79,83%. Sob tratamento salino, este teor é mantido a um nível suficientemente elevado (82,82% e 82,45%).

-água do mar .

O estudo dos resultados estatísticos obtidos através da estimativa da CRA (quadro 3) mostra que a irrigação com água do mar é uma fonte de variações nos níveis deste parâmetro ($p<0,05$). Assim, a redução do teor de sais do substrato é acompanhada por um consequente aumento do teor de água. Isto é confirmado pela relação clara entre o fator salinidade e a expressão deste parâmetro ($r= -0,661^{**}$).

A resposta das plantas regadas com água do mar não parece exprimir-se da mesma forma que a descrita acima para o tratamento $NaCl+CaCl_2$. No entanto, a figura 7 mostra que o teor relativo de água varia de 89,05% nas plantas de controlo a 79,17% nas plantas tratadas com 50% de água do mar; este teor não varia muito nas plantas (78,92%) quando recebem água do mar não diluída.

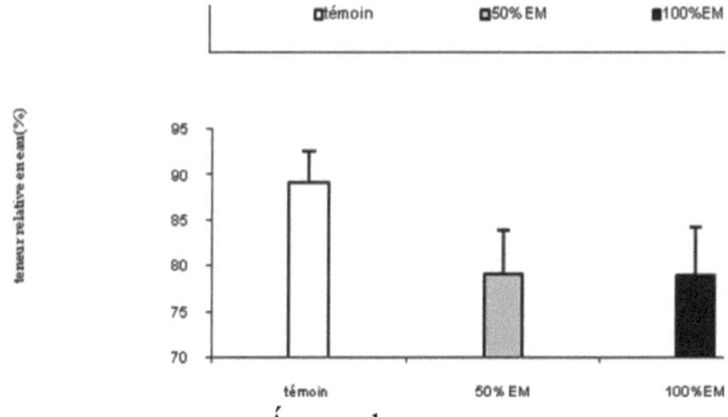

Fig.7-Teor de humidade (%) das folhas de plantas de Atriplexhalimus L. com 120 dias de idade, medido após uma semana de stress **de água do mar**.

• após quatro semanas de stress salino (RWC 4)

-para $NaCl+CaCl_2$

O teor relativo de água é estimado numa segunda fase de medição, a fim de elucidar as alterações no estado hídrico das plantas que permanecem sob stress durante mais tempo. As respostas que procuramos baseiam-se principalmente na intensificação do efeito do stress ao longo do tempo e no tempo necessário para que os mecanismos de resistência surjam. O segundo período é caracterizado pelo facto de a intensificação do tratamento salino ser acompanhada por um aumento do nível de hidratação. A Figura 8 e a Tabela 3 mostram que o maior teor de água foi observado nas plantas tratadas com 600 meq (76,02%) e 400 meq (75,21%). Na ausência de sais, as folhas apresentaram um teor de água de 72,19%. O mesmo padrão de mudanças no conteúdo relativo de água entre os diferentes tratamentos é observado entre os períodos de medição. Isto indica que o desenvolvimento das plantas num ambiente salino não tem qualquer influência sobre esta caraterística.

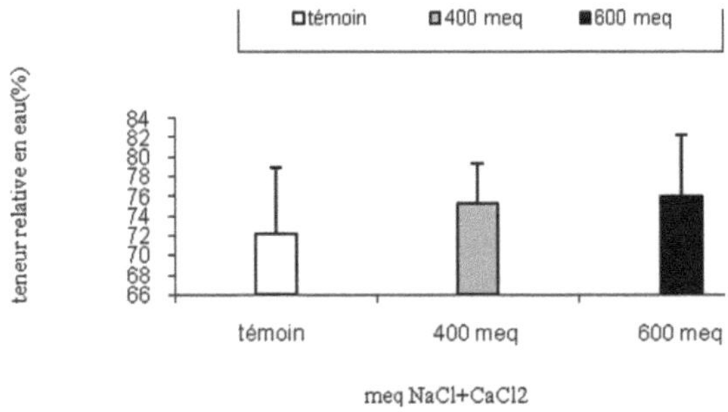

Fig.8 - Teor de humidade (%) das folhas de plantas de Atriplexhalimus L. com 120 dias de idade, medido após quatro semanas de stress **de NaCl+CaCl 2**.

- com água do mar

A análise de variância (Quadro 4) mostrou que o desenvolvimento desta caraterística foi fortemente influenciado pelos regimes salinos adoptados ($p<0,05$), sendo que o aumento da concentração de sais conduziu a uma redução do teor de água dos tecidos foliares ($r=-0,367$).A Figura 9 mostra que, como o teor relativo de água diminui com a salinidade, as plantas que crescem em ambiente salino têm um teor de água inferior ao das plantas cultivadas sem sais. A figura 9 mostra que, à medida que o teor de água relativo diminui com a salinidade, as plantas cultivadas em meio salino têm um teor de água inferior ao das plantas cultivadas sem sais. A figura 9 mostra também que, no tratamento de controlo, o teor de água parece manter-se a um nível elevado e estável (86,27), enquanto que no tratamento efectuado a 50%, o teor de água relativo desce mais ou menos significativamente para 75,29%, e aumenta acentuadamente (80,16%) quando as plantas são regadas com água do mar não diluída.

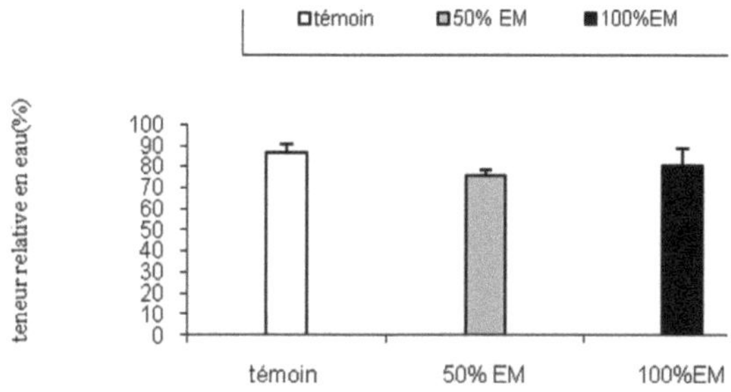

Água do mar

Fig.9 - Teor de água (%) das folhas d e plantas de Atriplexhalimus L. com 120 dias de idade, medido após quatro semanas de stress **hídrico**.

2 - Taxa de transpiração

-para NaCl+$CaCl_2$

As medições da transpiração são efectuadas a partir da 4ª semana de aplicação da salinidade.A análise estatística dos resultados obtidos (Quadro 3) mostra que as variações observadas são independentes dos níveis de salinidade ($p>0,05$). Este facto indica que as flutuações na concentração de sais na água de rega têm apenas uma ligeira influência nas variações da intensidade da transpiração cuticular, dependendo do método utilizado.Os resultados obtidos através da estimativa desta caraterística (fig. 10) mostram que a transpiração mais elevada é obtida para as plantas cultivadas sem sal ($0,019 mg.cm^{-2}$ .mn). Esta transpiração diminui acentuadamente nas plantas alimentadas com 400 meq de Na Cl +$CaCl_2$ ($0,007 mg.cm^{-2}$ .mn), aumentando depois quando as plantas são regadas com 600 meq de Na Cl +$CaCl_2$ (0,014 mg.cm- 2 .mn).De acordo com os dados recolhidos, a ausência de regulação diferencial da transpiração indica a ausência de externalização de qualquer mecanismo envolvido na limitação da perda de água.

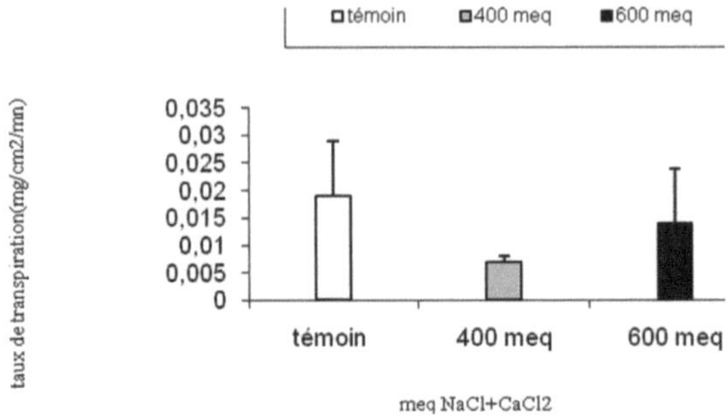

Fig. 10 - Transpiração foliar (mg.cm- 2 . min) medida após 4 semanas de stress **de NaCl+CaCl 2** em plantas de Atriplexhalimus L. com 120 dias de idade.

- com água do mar

Por outro lado, a irrigação com água do mar em diferentes concentrações resultou em flutuações significativas nos valores desse parâmetro ($p<0,05$), de modo que a perda de água pelas folhas foi maior nas plantas controle do que nas plantas submetidas à salinidade.A Figura 11 e a Tabela 4 mostram as variações na quantidade de água perdida por planta. Esta figura mostra que as plantas de controlo perderam a maior quantidade, com 0,047 mg.cm-2 .mn. No entanto, esta quantidade é muito menor nas plantas regadas com água do mar do que nas plantas que receberam apenas 50% de água do mar (0,009mg.cm-2 .mn contra 0,018 mg.cm -2 .mn).Isto mostra que o aumento da salinidade é acompanhado por uma diminuição da taxa de transpiração para todas as plantas testadas, contrariamente ao que foi observado no estudo anterior, o que é justificado pela forte relação entre as duas variáveis ($r2 =-0,740^{**}$).

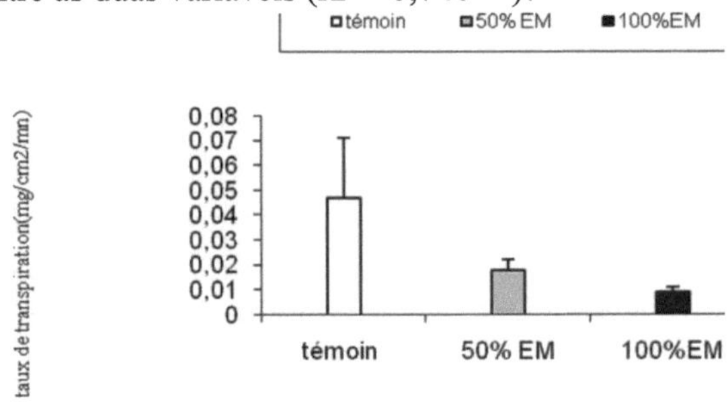

Água do mar

Fig.11 - Transpiração foliar (mg.cm- 2 . mn) medida após 4 semanas de stress **hídrico** em plantas de Atriplexhalimus L. com 120 dias de idade.

3 - Potencial osmótico

• após uma semana de stress salino

-para $NaCl+CaCl_2$

A análise dos dados obtidos (Tabela 3) mostra que a expressão desta caraterística é altamente influenciada pela salinidade ($p<0,05$). Isto indica que a salinidade é uma fonte de variação nos níveis de magnitude deste parâmetro.

Os resultados médios registados (quadro 3) mostram que o potencial osmótico nas plantas de controlo atingiu -6511 Kp. No tratamento 400 meq, no entanto, a diferença não foi muito acentuada, com um valor de -6857 Kp, enquanto o potencial osmótico permaneceu mais baixo no tratamento 600 meq (-9390 Kp).

• após quatro semanas de stress salino (PO4)

- para $NaCl+CaCl_2$

A estimativa do potencial osmótico com o aumento da duração do stress mostra uma clara redução dos seus valores. O estudo dos resultados revela que a influência da salinidade na expressão desta caraterística é fraca ($p>0,05$).Os resultados obtidos na sequência da estimativa deste último (Quadro 3) mostram que o valor mais elevado do potencial osmótico é registado no tratamento de controlo, avaliado em -4552 Kp; este valor diminuiu significativamente nos dois tratamentos submetidos à salinidade onde este parâmetro atingiu - 5606 Kp e -9605 Kp respetivamente para os tratamentos efectuados a 400 e 600 meq.

Tabela 3 - Teste estatístico de significância a P = 1% para parâmetros fisiológicos de plantas de Atriplexhalimus L. estressadas com **NaCl+CaCl2**

Variáveis	Teste F	probabilidade	Média e desvio padrão		
			Indicador	400meq	600meq
RWC1 (%)	0.643	0.532	79.83 ± 6.18	82.82±8.40	82.45 ±7.99
RWC4 (%)	1.655	0.205	72.19 ± 6.74	75.21 ±4.14	76.02 ±6.21
PO1 (Kp)	5.033	0.024	-6511 ±682.5	-6857 ±173	-9390 ±1752
PO4 (Kp)	13.42	0.069	-4552 ±1102	-5606 ± 296	-9605
T.t (mg.cm-2 .mn)	2.240	0.126	0.019 ± 0.01	0.007± 0.001	0.014 ±0.01
R.s (s.cm)-1	3.491	0.041	16.98 ±7.84	∞	∞

RWC1 (Teor Relativo de Água) e PO1 (potencial osmótico) = medições efectuadas uma semana após a adição da solução salina de $NaCl+CaCl_2$

RWC4 e **PO4** = medições efectuadas 4 semanas após a adição da solução salina de $NaCl+CaCl_2$

T.t =taxa de transpiração e **Rs** = resistência estomática

O estudo das relações estabelecidas entre as duas variáveis revela que o potencial osmótico diminui com o aumento da salinidade. Este facto é confirmado pela clara relação negativa estabelecida entre a salinidade e o potencial osmótico medido após 4 semanas de stress (r^2 =-894).* De um modo geral, podem ser observadas as mesmas tendências quando se comparam os dois períodos de medição, com uma redução do potencial hídrico, em particular, sob o regime salino.

4 - Resistência estomática

Este parâmetro foi também determinado após 4 semanas de stress salino.

- para $NaCl+CaCl_2$

A análise de variância (Quadro 3) revelou que as variações deste parâmetro são altamente dependentes das flutuações dos níveis de salinidade (p<0,05), pelo que parece que o aumento da resistência estomática é favorecido pelo aumento do teor de sais do meio (r=0,379*).

Os resultados médios mostram que as plantas cultivadas em condições salinas reagiram aumentando a sua resistência estomática, com valores que tendem para o infinito para os dois tratamentos salinos (a 400 e 600 meq) e 16,98s.cm^{-1} para o tratamento de controlo.

-água do mar

A análise dos resultados obtidos (Tabela 4) mostra que a evolução da resistência estomática segue as mesmas tendências observadas nas plantas regadas com a solução $NaCl+CaCl_2$, indicando a influência significativa dos regimes salinos na expressão dessa caraterística ($p < 0,05$).

Os resultados médios obtidos (Tabela 4) mostram que a resistência estomática é maior no tratamento realizado sem sais e no realizado com 100% de água do mar (∞), enquanto que no tratamento realizado com 50% de água do mar, a resistência apresenta um valor baixo estimado em 20,94 s.cm .$^{-1}$

Tabela 4 - Teste estatístico de significância a P =1% para parâmetros fisiológicos de plantas de Atriplexhalimus L. estressadas pela **água do mar**.

Variáveis	Teste F	probabilidade	Média e desvio padrão		
			testemunha	50% EM	100% EM
RWC1 (%)	7.912	0.006	89.05 ±3.45	79.17 ±4.77	78.92 ±5.33
RWC4 (%)	4.630	0.032	86.27 ±4.35	75.29 ±3.10	80.16 ±8.33
T.t (mg.cm-2 .mn)	9.170	0.004	0.047 ±0.024	0.018 ±0.004	0.009 ±0.002
R.s s.cm	2.800	0.100	∞	20.94±4.96	∞

B- PARÂMETROS BIOQUÍMICOS

1- Açúcares solúveis

- **no início do stress salino**

-água do mar

O estudo dos resultados (Tabela 6) mostra que as variações dos níveis de salinidade têm apenas uma ligeira influência sobre as flutuações observadas na expressão deste parâmetro ($p>0,05$). Uma relação positiva fraca ($r^2 =0,189$) associa a taxa de açúcar ao aumento da salinidade do substrato.

Os resultados médios mostram variabilidade entre os diferentes tratamentos. No tratamento realizado sem sal, as plantas registaram o nível mais baixo, estimado em 9 $\mu M.g^{-1}$ MS. Por outro lado, as plantas submetidas a 50% de água do mar registaram o nível mais elevado de 12,5 $\mu M.g^{-1}$ MS, este valor diminuiu ligeiramente no tratamento com 100% de água do mar para 11,5 $\mu M.g^{-1}$ MS, mas continua a ser superior ao das plantas de controlo.

- **após quatro semanas de stress salino**

-para $NaCl+CaCl_2$

O estudo dos resultados obtidos (Tabela 5) mostra que os regimes de salinidade impostos provocam, consequentemente, flutuações de baixa intensidade ($p>0,05$), indicando que as variações nos níveis de salinidade são acompanhadas por ligeiras flutuações nos teores de açúcares solúveis.Embora a influência seja pequena, faz parte de uma tendência negativa, pelo que qualquer redução nos níveis de sais do substrato é acompanhada por um aumento no teor de açúcares nas folhas($r=-0,530$).Os resultados médios obtidos mostram que os teores de açúcares nas folhas são muito semelhantes nos tratamentos de 400 e 600 meq. Foram avaliados em 16,2 e 16,1$\mu M.g^{-1}$ DM, respetivamente. Os níveis mais elevados de açúcar foram encontrados nas plantas de controlo, com uma média de 16,8$\mu M.g^{-1}$ MS.

-água do mar

A fim de efetuar uma análise comparativa da evolução da acumulação de açúcares nas folhas sob o efeito da duração e da intensidade do stress, foi efectuada uma segunda dosagem. Nesta fase da análise, foram obtidos os mesmos resultados. Eles indicam que a influência do nível de salinidade sobre este parâmetro é fraca ($p>0,1$). No entanto, houve uma relação positiva entre as duas caraterísticas ($r^2 =0,487$).Os resultados mostram que as plantas submetidas à salinidade reagiram aumentando as quantidades de açúcares nas suas folhas. De facto, foram registados 34,5$\mu M.g^{-1}$ MS no tratamento com 50% de água do mar e 36$\mu M.g^{-1}$ MS no tratamento com 100% de água do mar. Por outro lado, na ausência de salinidade, as plantas tinham um nível estimado de 27$\mu M.g^{-1}$ MS.

Embora o comportamento das plantas pareça idêntico para os três tratamentos, durante as duas fases de medição, o aumento do grau de salinidade levou a uma alteração considerável do teor de açúcar nas folhas.

2 - Teor de cera

-para $NaCl+CaCl_2$

O estudo estatístico dos resultados obtidos (quadro 5) da avaliação desta caraterística mostra que o seu desenvolvimento é independente das variações de salinidade ($p>0,05$). Verifica-se uma relação positiva fraca entre o aumento da salinidade e o teor de cera ($r=0,155$).

Tabela 5 - Teste estatístico para significância dos parâmetros bioquímicos de plantas de Atriplexhalimus L. estressadas com **NaCl+CaCl 2** .

variáveis	Teste F	probabilidade	Média e desvio padrão		
			testemunha	400 meq	600 meq
S1 (µM.g-1 de PS) T. C (mg.cm-)2	2.274 0.637	0.145 0.541	16.8 0.28±0.26	16.2 0.50±0.54	16.1 0.41±0.20

S 1 = teor de açúcar analisado nas folhas uma semana (S 1) após o stress.

T. C=t aux de cera analisada nas folhas às 4 semanas após o stress.

A leitura dos resultados (fig. 12) permite, no entanto, constatar variações na grandeza deste parâmetro. A deposição foi mais elevada nas plantas expostas a 400 meq de sal, onde se registou 0,50 mg.cm-2 . Nas plantas expostas a 600 meq de sal, a taxa de deposição foi inferior. A cera é estimada em 0,41 mg.cm-2 , enquanto que nas plantas de controlo, o teor de cera diminui para um mínimo de 0,28 mg.cm $.^{-2}$

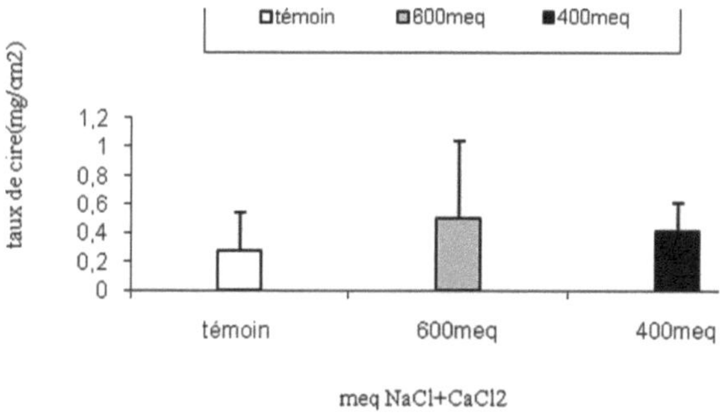

Fig.12- Teor de cera analisado nas folhas de plantas de Atriplexhalimus L. com 120 dias de idade após 4 semanas de stress **de**

NaCl+CaCl 2.

-água do mar

A análise dos resultados obtidos (Tabela 6) mostra que os níveis de salinidade impostos tiveram apenas um ligeiro efeito na produção de cera ($p>0,05$).

Tabela 6 - Testes estatísticos Teste estatístico da significância dos parâmetros bioquímicos de plantas de Atriplexhalimus L. submetidas a stress **por água do mar**.

variáveis	Teste F	probabilidade	Média e desvio padrão		
			Indicador	50% EM	100% EM
S1(µM.g-1 de MS	0.398	0.680	9	12.5	11.5
S 4(µM.g-1 de MS	0.027	0.974	27	34.5	36
CT (mg.cm-)2	0.093	0.912	0.43±0.29	0.37±0.25	0.45±0.29

S1 e S 4 = níveis de açúcar analisados nas folhas após uma semana (S1) e 4 semanas (S 4) de stress.

Os resultados médios obtidos mostram que o teor de cera atinge 0,43mg.cm^{-2} em condições óptimas e que, sob tratamento com 50% de água do mar, as plantas apresentam um teor de cera de 0,2mg.cm. de 0,37mg.cm^{-2} , um nível bastante inferior ao do controlo, enquanto que nas plantas submetidas a água do mar não diluída, o teor de cera aumentou para 0,45mg.cm.$^{-2}$ Assim, pode ver-se claramente que o teor de cera não é afetado pela salinidade. (r^2 =0,026).

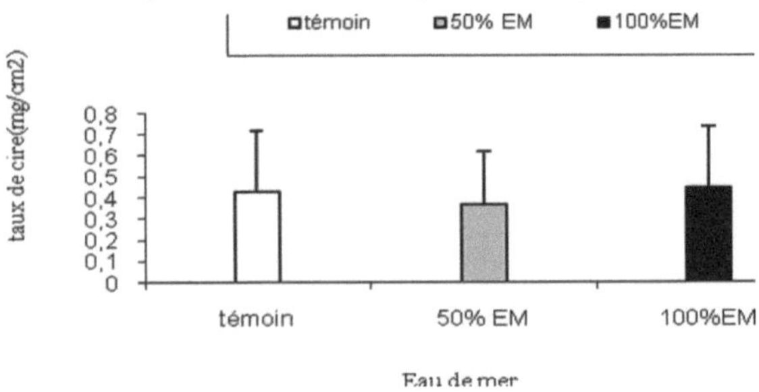

Fig.13 - Teor de cera analisado nas folhas após 4 semanas de stress **hídrico**, plantas de Atriplexhalimus L. com 120 dias de idade .

C - PARÂMETROS MORFOLÓGICOS DO SISTEMA RADICULAR

1- o peso seco das raízes :

-para NaCl+$CaCl_2$

O peso seco da raiz é uma caraterística morfológica que é influenciada pelo regime salino aplicado ($p<0,05$), indicando que a concentração de sais na água de irrigação provoca uma redução na produção de matéria seca no sistema radicular.

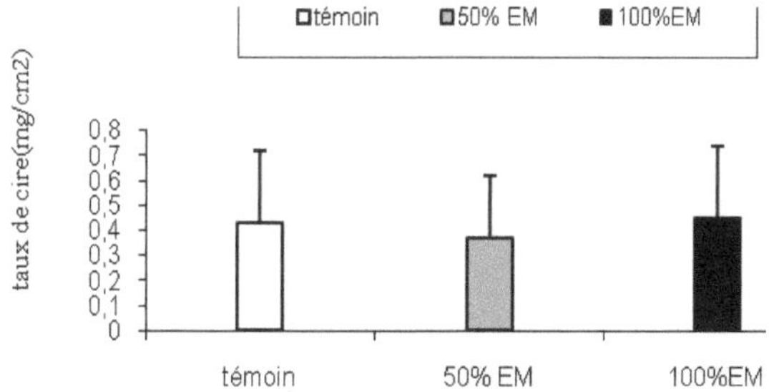

Fig.14 - Peso seco das raízes estimado após 4 semanas de stress **de NaCl**

+CaCl 2 , de plantas de Atriplexhalimus L. com 120 dias de idade.

A análise dos resultados obtidos (Fig. 14) revela que as plantas tendem a acumular muito mais matéria seca nas suas raízes na ausência de sais, com um valor estimado de 1,74 mg, ao passo que não mantêm esta caraterística em condições salinas. Os valores registados são praticamente idênticos, 0,49 mg e 0,50 mg para os tratamentos efectuados a 400 e 600 meq respetivamente. Além disso, a diminuição da produção de matéria seca radicular é acompanhada por um aumento do grau de salinidade. (r=-0.781**).

- **com água do mar**

O Quadro 8 mostra que a evolução deste parâmetro é fortemente dependente das variações do fator em estudo ($p<0,05$), o que sugere que os regimes salinos adoptados permitem que ocorram flutuações significativas nesta caraterística, verificando-se também uma forte relação negativa entre as duas variáveis (r=-0,738 **).A Figura 11 mostra que a diferença na evolução da produção de matéria seca entre as plantas de controlo e as plantas de controlo regadas com água do mar diluída a 50% não foi muito acentuada: 1,74 mg e 1,54 mg respetivamente para o tratamento de controlo e para o tratamento com 50% de água do mar. Esta diferença foi claramente significativa nas plantas irrigadas com água do mar pura, com 0,79 mg.

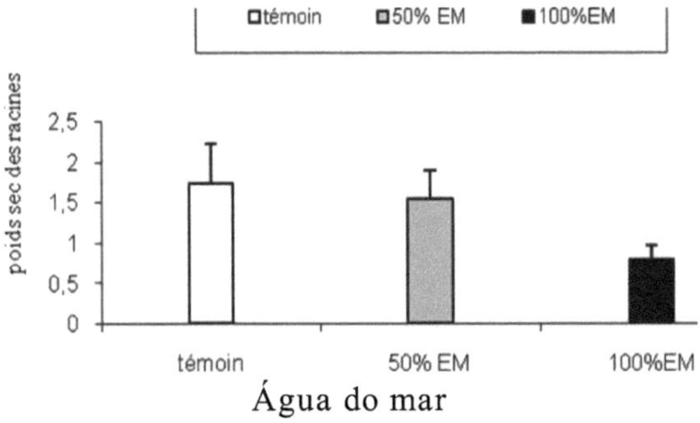

Fig.15 - Estimativa do peso seco da raiz após 4 semanas de stress **hídrico** em plantas de Atriplexhalimus L. com 120 dias de idade.

2- O rácio PSR/PSA

Esta medição foi efectuada com o objetivo de analisar a relação entre o crescimento das partes aéreas (PSR, peso seco da raiz) e o das partes subterrâneas (PSA, peso seco da parte aérea). Apresenta uma caraterística muito debatida.

- para $NaCl+CaCl_2$

A análise dos resultados obtidos (quadro 7) revela que as variações observadas no rácio são independentes do grau de salinidade, sendo esta observação confirmada pela ausência de qualquer efeito significativo ($p>0,1$), o que parece indicar que a rega com água salgada tem apenas um ligeiro efeito no desenvolvimento deste parâmetro.

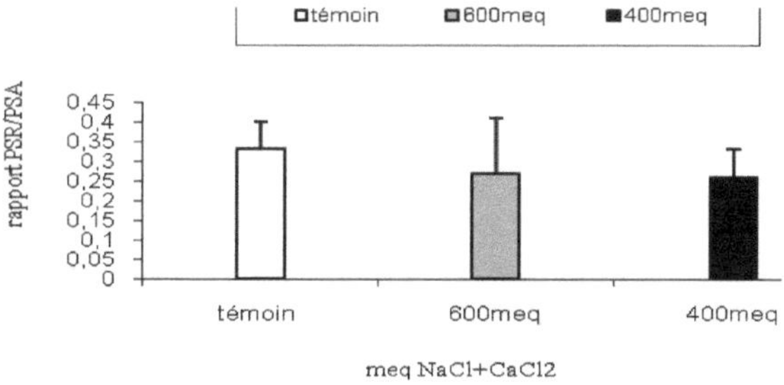

Fig.16 - Relação PSR/PSA após 4 semanas de stress **de NaCl +CaCl 2** de plantas de Atriplex halimus L. com 120 dias de idade.

Tabela 7- Teste estatístico de significância a P = 1% para os parâmetros morfológicos do sistema radicular de plantas de Atriplexhalimus L. submetidas a stress com **Na Cl+Ca Cl 2**

variáveis	Teste F	probabilidade	Média e desvio padrão		
			testemunha	400 meq	600 meq
P S R(mg)	26.57	0.000	1.74 ±0.49	0.49 ±0.34	0.50 ±0.16
PSR/ PSA	0.942	0.412	0.33 ± 0.07	0.27 ± 0.14	0.26 ± 0.07
Comprimento (cm)	6.387	0.010	53.2 ±7.59	45 ±5.47	59 ±6.38

A figura 16 mostra que este rácio atingiu um valor máximo de 0,33 no tratamento sem sal, enquanto que nas plantas tratadas com salinidade, o rácio diminuiu e estabilizou em cerca de 0,27 no tratamento de 400meq e em 0,26 no tratamento de 600meq de salinidade, pelo que, em resumo, a redução do rat io é tanto maior quanto maior for o nível de salinidade (r= -0,312).

-água do mar

Observando os resultados médios (fig17), verifica-se que nas plantas de controlo, os valores de rácio registados são os mais elevados com 0,33, no entanto, este rácio diminui, ao nível do tratamento efectuado à 50% de água do mar onde se observa nas plantas 0,27. As plantas expostas à água do mar apresentam um rácio mais elevado do que as plantas expostas à água.é de cerca de 0,20.

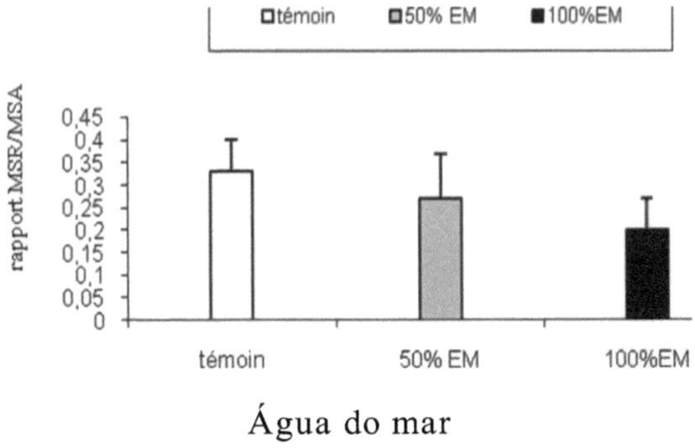

Fig.17 - Relação PSR/PSA após 4 semanas de stress **de água do mar**, em plantas de Atriplexhalimus L. com 120 dias de idade.

3- O comprimento

A profundidade de enraizamento pode ser medida pelo comprimento do eixo principal.

- para $NaCl+CaCl_2$

À luz dos resultados, constatamos que o desenvolvimento do eixo principal apresenta uma forte variação de magnitude ligada ao teor de sal do substrato ($p<0,05$).

As medições efectuadas nas raízes mostram que, de acordo com a figura 18, a maior profundidade da raiz principal foi observada no tratamento 600 meq a 59 cm, enquanto o enraizamento foi superficial nas plantas cultivadas sem sais a 53,2 cm. Em contrapartida, a menor profundidade de enraizamento foi registada no tratamento 400 meq, com 45 cm.

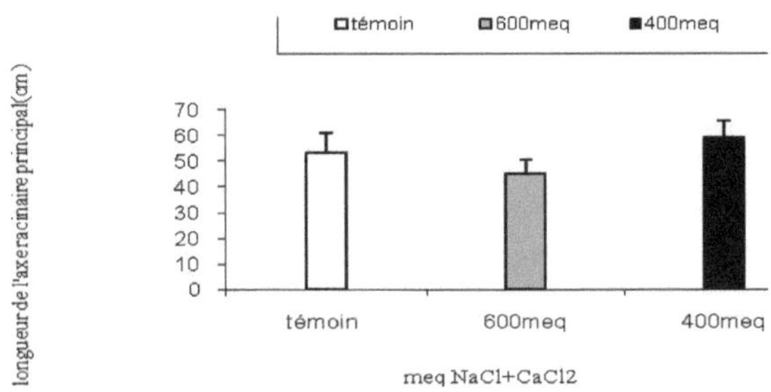

Fig.18 - O comprimento do eixo principal após 4 semanas de tensão na **NaCl+CaCl 2**, de plantas de Atriplexhalimus L. com 120 dias de idade.

Um aumento do teor de sal foi acompanhado por uma redução significativa do alongamento das raízes (r=-0,478).

-água do mar

Os resultados mostram que o alongamento do eixo principal parece desenvolver-se de forma indiferente ao regime de salinidade (p>0,1). As variações dos limiares de salinidade apenas permitiram flutuações muito ligeiras deste parâmetro.

Tabela 8- Teste estatístico de significância a P = 1% para parâmetros morfológicos do sistema radicular de plantas de Atriplexhalimus L. expostas à **água do mar.**

variáveis	Teste F	probabilidade	Média e desvio padrão		
			testemunha	50% EM	100% EM
P S R(mg)	9.248	0.004	1.74 ± 0.49	1.54 ± 0.36	0.79 ± 0.18
PSR /PSA	3.803	0.053	0.33 ± 0.07	0.27 ± 0.10	0.20 ± 0.07
Comprimento (cm)	1.748	0.216	53.20 ±7.59	49.02 ±9.77	43.90 ±5.74

A Figura 19 e a Tabela 8 mostram que o tratamento com água salobra apresentou a maior redução do eixo principal para todas as plantas (43,90 cm). Numa escala de tratamento com água do mar diluída a 50%, o aumento deste comprimento foi ligeiro, com 49,02 cm, enquanto que na ausência de sal, as plantas registaram o maior comprimento do eixo radicular, com 53,20 cm. Em geral, o aumento do teor em sal do substrato provoca um encurtamento do eixo radicular principal (r= -0,474).

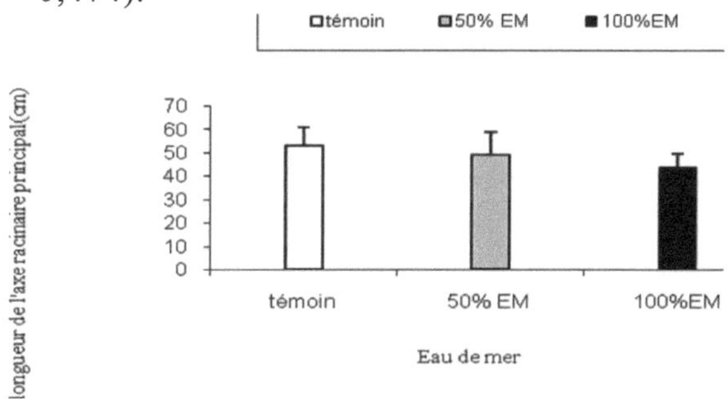

Fig.19 - Comprimento do eixo principal após 4 semanas de stress em plantas de Atriplexhalimus L. com 120 dias de idade em **água do mar**.

D-Parâmetros anatómicos 1-a folha

As plantas C4 têm uma estrutura foliar especial. A observação microscópica da lâmina foliar de Atriplexhalimus L. revela dois tipos de células clorofiladas: as do mesófilo, frequentemente caracterizadas pela presença de cristais de oxalato de cálcio, e uma bainha perivascular que envolve os feixes condutores. No centro deste último, encontram-se grandes células sem clorofila, que constituem o parênquima aquífero. A anatomia em causa neste estudo está relacionada, por um lado, com o diâmetro dos elementos condutores representados pela metaxila dos vasos e, por outro, com as dimensões das células clorofiladas.

*** Compactação do mesofilo**

- para $NaCl+CaCl_2$

Os resultados esperados não revelaram qualquer significado notável para as medições efectuadas (p>0,1). Isto prova que as flutuações da concentração salina do substrato têm apenas uma ligeira influência em todas as caraterísticas medidas, com exceção da largura da célula da bainha. Embora esta seja a mais afetada pela tensão imposta em comparação com as outras medições, as suas variações dependem apenas ligeiramente do regime salino (p>0,05).

Tabela 9 - Teste estatístico de significância a P =1% para os parâmetros anatómicos das folhas de plantas de Atriplexhalimus L. sujeitas a stress **NaCl+CaCl 2 .**

Variáveis	Teste F	probabilidade	Média e desvio padrão		
			testemunha	400meq	600meq
Comp.meso µm	0.734	0.519	319±52.45	291±38.95	270±56.96
Diamxylm µm	0.419	0.675	16.11±2.07	14.39±1.83	15.05±3.25
Célula longa.ganho µm	0.508	0.625	43.88±2.16	37.92±12.68	37.93±6.61
Largcell.gain µm	3.930	0.081	30.29±2.05	22.52±4.66	25.11±3.14
Ep.mesofvt µm	2.767	0.141	55.99±10.10	62.25±11.20	41.14±12.44
Espessura da malha µm	0.621	0.569	72.74±15.99	62.78±10.25	69.12±2.69

Compactação do meso = compactação do mesofilo

Diam xyl m =diâmetro do vaso xilémico

Célula longa. ganho =comprimento da célula da bainha Célula larga. ganho =largura da célula da bainha

Ep.mesof vt = espessura do mesofilo (lado ventral) Ep.meso fds=

espessura do mesofilo (lado dorsal).

Os dados médios (Quadro 9) mostram que a importância do parênquima clorofilado aumenta inversamente com os níveis de salinidade do substrato (r= -0,442).

Para tanto, observa-se que em termos do tratamento realizado sem sais, as plantas apresentam o mesofilo mais largo com99,03 µm. No tratamento 400meq, sua espessura é estimada em 90,66 µm, enquanto no tratamento 600meq é de apenas 84 µm.

-para a água do mar

As mesmas observações foram efectuadas nesta experiência. A análise dos resultados mostra que, em todas as situações, a natureza do sal não provoca alterações marcantes no tecido foliar em causa.

A análise dos resultados (Tabela 10) mostra que as variações dos níveis de salinidade são acompanhadas de ligeiras oscilações na amplitude desta variável (p>0,1).

Tabela 10 - Teste estatístico de significância a P =1% para os parâmetros anatómicos das folhas de plantas de Atriplexhalimus L. submetidas a stress com água do mar.

variáveis	Teste F	probabilidade	Média e desvio padrão		
			testemunha	50% EM	100% EM
Compméso µm	1.697	0.260	223±9.83	316±85.33	241±74.89
Diamxylm µm	0.636	0.862	15.77±0.69	15.33±0.88	17.00±3.051
Célula longa µm	0.591	0.583	29.51±5.38	31.84±6.63	33.91±0.89
Maior ganho de células µm	3.309	0.082	19.67±1.61	20.84±1.46	24.59±3.23
epomeofvt µm	0.482	0.639	73.34±16.63	63.68±16.50	59.03±21.11
epomeso fds µm	1.462	0.304	72.75±4.68	62.65±12.09	53.07±20.68

A análise dos dados mostra que o mesofilo parece ser muito baixo no tratamento de controlo, com 223 µm. No tratamento com 50% de água do mar, a expressão deste parâmetro é mais pronunciada. A este nível, as plantas registaram um valor máximo estimado em 316 µm, sendo que no tratamento com 50% de água do mar, as plantas registaram um valor máximo estimado em 316 µm, sendo que no tratamento com 50% de água do mar, as plantas registaram um valor máximo estimado em 316 µm.No tratamento com 100% de água do mar, esta medida foi avaliada em 241 µm, um valor bastante superior ao registado nas plantas controlo. Isto mostra que o aumento do teor de sal é acompanhado pela formação de um mesofilo mais ou menos grande (r=0,111).

*** Diâmetro do vaso metaxilémico :**

-para NaCl+CaCl₂

Observando os resultados médios (Tabela 9), as plantas de controlo registaram um diâmetro de 16,11 µm, que apresentou uma ligeira diminuição nas plantas tratadas com 400meq 14,39µm e depois estabilizou a um nível muito próximo do registado no controlo (15,05 µm). Neste caso, é de notar que o aumento da salinidade apenas reduz ligeiramente o diâmetro do vaso metaxilémico.

-para a água do mar

Esta caraterística parece apresentar tendências semelhantes quando comparada com a medição anterior. O estudo dos resultados sugere que o diâmetro do vaso metaxilémico apresenta pequenas variações de magnitude ligadas à concentração de sais na água de irrigação ($p>0,1$). Uma diminuição do teor em sais do substrato é acompanhada por uma diminuição do diâmetro do vaso metaxilémico (r=0,296). Os resultados médios mostram que o diâmetro apresenta o mesmo valor para o tratamento realizado sem sais e o realizado com 50% de água do mar com 15,77 µm e 15,33 µm, por outro lado as plantas cultivadas em água fortemente salgada, registam um diâmetro estimado em 17,00 .

*** Comprimento da célula da bainha**

- a NaCl+CaCl 2

Os resultados obtidos (Tabela 9) mostram que o comprimento das células da bainha atingiu um valor máximo na ausência de sais, com 43,88 µm, enquanto que no tratamento com salinidade, os comprimentos foram equivalentes e pareceram ser mais curtos do que no tratamento anterior (37,93) cm. Além disso, quanto maior a concentração de salinidade, menor o comprimento (r=-0,330).

-para a água do mar

Durante esta medição, os resultados reaparecem com a mesma tendência, mostrando que este parâmetro apresenta ligeiras vacilações em função das variações do regime salino ($p>0,1$).

Um estudo dos resultados médios mostra que as plantas de controlo apresentam um maior nível de redução com 29,51µm; a irrigação com água do mar em duas concentrações diferentes leva a um aumento deste comprimento. Assim, as plantas registaram um valor estimado de 31,84µm quando foram regadas com água ligeiramente salobra e 33,91µm quando a água estava fortemente salgada. Além disso, quanto maior a concentração de sal, maior o comprimento (r=0,406).

A largura

-para $NaCl+CaCl_2$

As medições de que dispomos (Tabela 9) mostram que o aumento das células atingiu um valor máximo estimado de 30,29 µm no tratamento efectuado sem sais. A rega com água salgada, por outro lado, resulta numa redução do tamanho das células, com 22,52µm e 25,11µm registados nos tratamentos de 400 e 600 meq, respetivamente.

-para a água do mar

O estudo estatístico dos resultados da evolução desta caraterística (tabela10) mostra que as variações dos níveis de salinidade têm apenas uma ligeira influência nas flutuações observadas. No entanto, estas últimas mantêm-se relativamente significativas na expressão desta largura, quando comparadas com as das medições anteriores ($p>0,05$). Os resultados médios mostram que a regressão desta largura é reportada com a mesma intensidade no tratamento conduzido sem sais e no conduzido com 50% de água do mar (19,67µm e20,84µm). No entanto, as plantas tratadas com 100% de água do mar destacam-se claramente dos outros tratamentos, com uma largura muito maior de 24,59µm. O aumento do teor de sal do substrato foi acompanhado por um aumento significativo da largura da célula da bainha (r=0,719*).

*** Importância do mesofilo Lado ventral**

- a NaCl+CaCl 2

Os resultados da Tabela 9 indicam que as variações nos níveis de salinidade impostos permitiram apenas flutuações muito ligeiras nesta caraterística. Para oAs plantas registaram 55,99 µm, valor que aumentou ligeiramente no tratamento 400 meq (62,25 µm), mas na concentração de 600 meq esta medida diminuiu consideravelmente em relação à dos dois primeiros tratamentos (41,14µm). A redução da salinidade da água de rega é acompanhada por um aumento deste parâmetro (r=-0,474).

-água do mar

Os resultados mostram observações idênticas, indicando que o nível de salinidade parece ter um efeito muito pequeno sobre este parâmetro em ambos os lados ($p>0,1$).Os dados médios (Quadro 10) mostram que o valor mais elevado foi registado nas plantas de controlo, com 73,34 µm. Este valor diminuiu ligeiramente sob condições salinas: 63,68µm e 59,03µm foram registados para os tratamentos realizados com 50 e 100% de água do mar, respetivamente.

Lado dorsal

-para $NaCl+CaCl_2$

Uma leitura dos resultados médios (tabela 9) mostra que esta caraterística flutua ligeiramente em resultado das variações nos regimes salinos adoptados. As plantas cultivadas sem sais registaram um valor máximo de 72,74µm. A rega com solução salina reduz este valor. Assim, 62,78 µm foram registados nas plantas cultivadas a 400 meq e 69,12 µm nas cultivadas a 600 meq. Embora este valor seja ainda superior ao do tratamento anterior, é inferior ao do controlo.Verificou-se uma fraca relação negativa entre o aumento da salinidade e o tamanho do mesofilo ($r=-0,168$).

-água do mar

Os resultados obtidos mostram que as plântulas cultivadas sem sais têm um mesofilo muito grande (72,75 µm) na sua superfície dorsal. Este tamanho é reduzido na presença de sais, onde as diferenças entre o tratamento de controlo e os outros dois tratamentos são suficientemente grandes, com valores de cerca de 62,65 µm para o tratamento com 50% de água do mar e 53,07 µm para o tratamento com 100% de água do mar. A reação das plantas segue as mesmas tendências para a expressão deste parâmetro em ambos os lados, pelo que o seu desenvolvimento se intensifica com o grau de salinidade.

2 - A raiz

Nas Chenopodiaceae, a estrutura interna da raiz é ligeiramente diferente da encontrada noutras espécies. Caracteriza-se pela presença de um câmbio anormalmente funcional, constituído por uma grande zona meristemática que produz tecido condutor na sua superfície interna.A caraterização dos mecanismos anatómicos baseou-se num estudo estrutural do parênquima cortical e do cilindro central. As observações incidiram nomeadamente sobre as dimensões das células e o número de feixes cribrovasculares.

Espessura do parênquima cortical

-para NaCl+$CaCl_2$

A análise estatística dos resultados médios (tabela 11) mostra que a espessura das plantas de controlo foi de 22,05 µm, enquanto este valor não variou significativamente nas plantas tratadas com 400 meq, onde foi registado um valor de 21,55 µm. O aumento subsequente foi ligeiro, com um valor de 22,22 µm.

Estes resultados médios mostram que a formação do parênquima cortical não parece ser afetada pela salinidade. Este facto é confirmado pela ausência de qualquer relação significativa (r^2 =0,019).

-água do mar

A análise de variância mostra que as variações dos níveis de salinidade têm uma maior ou menor influência no desenvolvimento deste parâmetro ($p>0,05$).Os resultados médios (Tabela 12) mostram que o parênquima cortical é mais espesso no tratamento de controlo (22,05 µm). Quando irrigadas com água salgada, todas as plantas reagiram reduzindo o parênquima cortical. No tratamento com 50% de água salgada, a espessura atingiu 14,08 µm e 12,78 µm no tratamento com 100% de água salgada. Estes resultados mostram que o aumento do grau de salinidade provoca uma redução do parênquima cortical (r=0,631).

Tabela 11- Teste de significância estatística a P =1% para os parâmetros anatómicos das raízes de plantas de Atriplexhalimus L. sujeitas a stress com **NaCl+CaCl 2**

variáveis	Teste F	probabilidade	Média e desvio padrão		
			testemunha	400 meq	600 meq
E.p.c	1.982	0.018	71.01±11.93	69.00±11.93	71.00±7.76
L.c.p	0.705	0.531	30.68±5.25	32.62±12.70	25.24±3.18
L.c.p.	0.270	0.772	22.00±5.84	23.56±9.20	19.67±2.94
D.v.mx	5.246	0.048	15.53±4.47	25.24±5.71	15.27±1.61
Nbref.c.v	3.735	0.088	8.00±2.64	10.00±1.73	5.00 ±1.15
E.rhiz.	1.371	0.323	48.30±4.91	46.5 ±16.24	60.46±10.14

E.p.c = espessura do parênquima cortical

L.c.p = comprimento da célula parenquimatosa

L.c.p = l argeur da célula parenquimatosa

D. v. mx = diâmetro do vaso metaxémico

Nbref. c. v = número de feixes de vasos do criblo

E. rhiz = espessura da rizoderme

*** Número de vigas**

-para NaCl+CaCl$_2$

A análise dos resultados mostra que a salinidade não teve qualquer efeito ($p>0,05$) sobre as variações observadas. O aumento da salinidade não afectou significativamente o número de cachos (r= -0,401).

Os resultados médios mostram que o tratamento 400 meq registou um maior número de cachos, estimado em 10, enquanto o número de cachos diminuiu nas plantas de controlo e 600 meq, onde foram observados 8 e 5 cachos, respetivamente.

-para a água do mar

A análise dos resultados obtidos a partir desta medida mostra que as variações nesta medida estão intimamente ligadas ao nível de salinidade ($p<0,05$).A análise dos resultados médios desta estimativa revela que o grau de salinidade reduziu consideravelmente o número de cachos formados.É, portanto, evidente que a salinidade imposta provoca uma alteração na estrutura radicular (r=- 0,750).* Nas plantas de controlo, foram registados 8 cachos, enquanto que nos tratamentos de 50% e 100%, apenas se observaram 2 cachos.

*** Diâmetro do vaso metaxilémico**

-para NaCl+CaCl$_2$

A análise dos resultados obtidos (tabela 11) mostra que as variações nos níveis de salinidade provocam oscilações significativas neste parâmetro, o que significa que qualquer redução no teor de sais do substrato é acompanhada por uma redução no diâmetro (r=-0,019).Os resultados médios mostram o mesmo diâmetro para as plantas controlo e as conduzidas a 600 meq (15,53, 15,27 µm), enquanto o tratamento conduzido a 400 meq registou um valor máximo estimado em 25,24 µm.

-água do mar

Ao contrário do caso anterior, a pulverização com água do mar em diferentes doses provocou apenas ligeiras flutuações neste parâmetro ($p>0,1$). O aumento da salinidade foi acompanhado por uma redução do diâmetro do vaso metaxilémico (r=-0,338).O estudo dos resultados médios mostra que, transversalmente ao tratamento realizado sem sais, as plantas registaram o maior diâmetro.Com 15,53 µm, este diâmetro diminuiu com os tratamentos salinos, atingindo 11,39 µm nas plantas tratadas com 100% de água do mar e 8,93 µm nas tratadas com 50% de água do mar.

*** Dimensões das células no parênquima cortical**

O estudo dos resultados obtidos na estimativa das dimensões da célula do parênquima cortical mostra que o comprimento e a largura da célula são apenas ligeiramente influenciados no seu desenvolvimento pelos regimes salinos aplicados ($p>0,1$). Assim, a influência detectada insere-se numa tendência negativa ($r=-0,310$).

Quadro 12: Teste estatístico de significância a P = 1% para os parâmetros anatómicos das plantas de Atriplexhalimus L. expostas à **água do mar**.

variáveis	Teste F	probabilidade	Média e desvio padrão		
			testemunha	50% EM	100% EM
E.p.c	2.991	0.126	71.01±11.93	30.23±24.02	41.14±24.93
L.c.p	6.304	0.034	30.68±5.25	16.05±7.02	20.84 ±7.02
L.c.p.	2.858	0.134	22.00±5.84	9.58±7.81	16.70±5.22
D.v.mx	1.26	0.360	15.53±4.47	8.93 ±6.72	11.39±3.76
Nbref.c.v	12.03	0.008	8.00±2.64	1.00 ±0.57	2.00 ±1.15
E.rhiz.	3.74	0.088	48.30±4.91	26.47±4.98	36.42±15.42

O comprimento

-para NaCl+$CaCl_2$

A expressão do comprimento das células parenquimatosas foi mais pronunciada no tratamento 400 meq, com um valor de 32,62 µm. Uma ligeira diminuição deste valor foi observada no tratamento de controlo, com 30,68 µm; no entanto, no tratamento de 600 meq, as plantas registaram o valor mais baixo com 25,24 µm.

-água do mar

Os resultados mostram que esta caraterística anatómica está fortemente ligada aos níveis de salinidade impostos ($p<0,05$).Um estudo dos resultados médios mostra que a célula mais longa, medindo 30,68 µm, foi obtida nas plantas controlo. Este comprimento foi reduzido nos regimes salinos, atingindo 16,05 µm no tratamento com água do mar a 50% e 20,84 µm no tratamento com água do mar não diluída.

A largura

-para NaCl+$CaCl_2$

A estimativa desta largura mostra que as variações na largura representam efetivamente a mesma tendência que a registada quando o comprimento foi medido. Como resultado, as plantas tratadas com 400meq registaram um valor máximo de 23,56 µm. No tratamento realizado sem sal, este comprimento foi reduzido e registou um valor de 22,00 µm, enquanto que no tratamento realizado com 600meq, apenas atingiu 19,67 µm.

-água do mar

Os resultados mostram que as plantas de controlo têm uma célula mais larga. Em condições salinas, a largura foi muito reduzida, com 9,58 µm registados nas plantas alimentadas com 50% de água do mar e 16,70 µm nas alimentadas com 100% de água do mar.

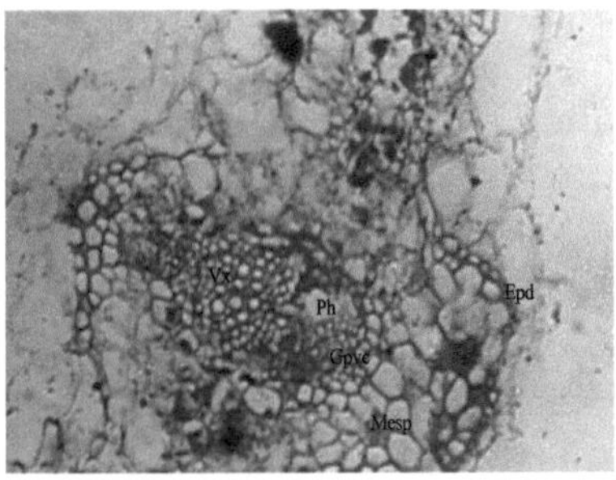

Fig.20- Secção anatómica ilustrando a estrutura da folha (Controlo). Epiderme: Epiderme. Mesp: Mesp. Gpvc: Bainha perivascular.Ph: Floema. Vx: Vaso xilémico.

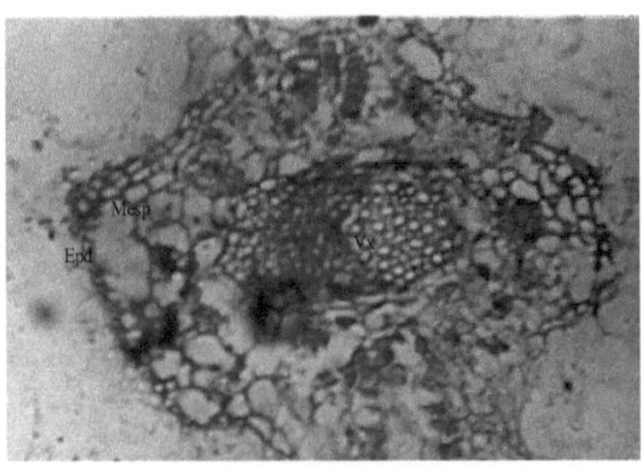

Fig.21- Secção anatómica ilustrando a estrutura da folha (400 meq).

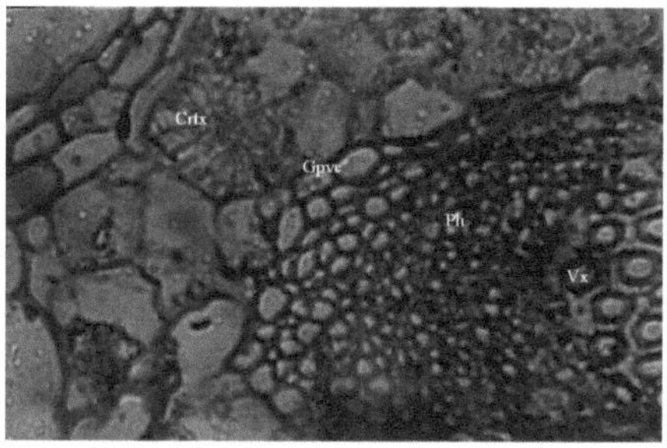

Fig.22- Secção anatómica ilustrando a estrutura da folha (600 meq). Crtx: Cristais de oxalato de cálcio.

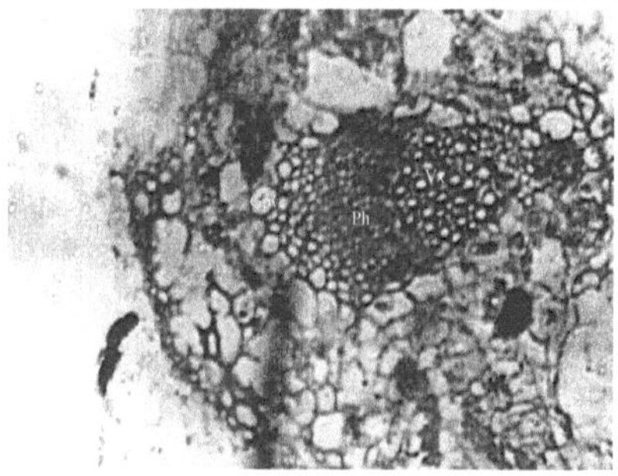

Fig.23- Secção anatómica ilustrando a estrutura da folha (50% EM).

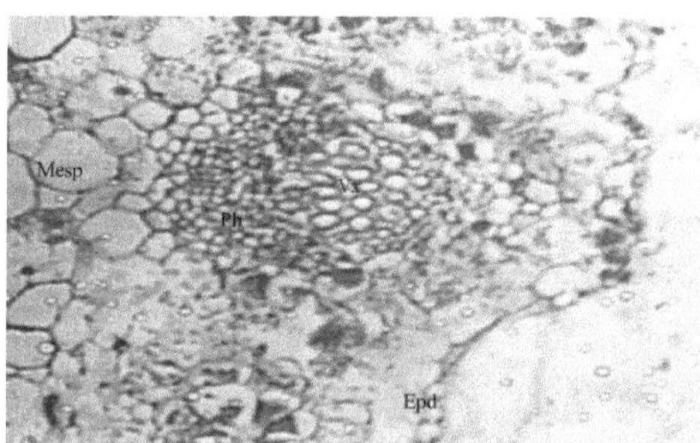

Fig.24- Secção anatómica ilustrando a estrutura da folha (100% EM)

DEBATES E CONCLUSÕES GERAIS

Dos resultados que acabámos de comentar, emergem os seguintes pontos-chave:

- O teor relativo de água é considerado um excelente indicador do estado hídrico da planta. É um parâmetro que pode ser muito influenciado por qualquer variação no potencial de absorção das plantas.

No entanto, todas as condições que contribuem para as variações do potencial do substrato, tais como o stress salino e hídrico, reflectem-se largamente na estimativa desta caraterística da água, observações que têm sido amplamente relatadas em numerosos estudos, que mostram que o aumento da salinidade no meio de crescimento dificulta consideravelmente a absorção de água pelas plantas no local. Neste contexto, Khan et al (2000) mostram que um aumento da salinidade resulta numa diminuição do teor de água dos tecidos, com o início dos mecanismos de ajustamento osmótico.Os resultados desta experiência (Quadro 13 em anexo) mostram que a instalação do stress salino depende estreitamente do regime de stress salino utilizado (NaCl+CaCl2 e água do mar diluída ou não diluída). A aplicação de concentrações crescentes de água do mar tem uma influência negativa e muito significativa sobre a depressão do teor de água dos tecidos durante a primeira fase da sua estimativa (r=-0,761*). Esta influência é minimizada numa fase posterior da experiência. No entanto, a influência negativa manteve-se, mas foi estimada numa intensidade inferior (r= -0,396). Estes resultados parecem indicar que, sob a salinidade, se manifestam mecanismos de adaptação que mantêm uma hidratação óptima constante. O estado de stress provocado pela aplicação da combinação NaCl+CaCl2 apresenta tendências ligeiramente diferentes. As concentrações utilizadas não tiveram um efeito significativo sobre a evolução do teor de água do tecido. Estas relações indicam que, sob stress salino de NaCl+CaCl2 , a disponibilidade de água é mais elevada do que no sistema de irrigação com água do mar. De acordo com alguns estudos, a adição de matéria orgânica ao meio de crescimento reduz o efeito stressante dos sais no potencial de absorção de água pelas plantas existentes (Hannachi et al., 2004). O papel da matéria orgânica está ligado à sua capacidade de adsorver os catiões libertados pela solubilização dos sais. Assim, na nossa situação e ainda sob NaCl+CaCl2, , os catiões emanam unicamente da passagem dos sais utilizados para a solução, ao contrário do lote regado com água do mar, estes catiões são mais numerosos e diversificados. No que diz respeito à relação entre o teor relativo de água e as taxas de cera e de transpiração, o comportamento das plantas em relação à salinidade varia consoante o regime salino. A natureza dos sais utilizados parece estar na origem de comportamentos divergentes de deposição de cera. O estudo destas relações (quadros 13 e 14 em anexo) indica claramente que a perda de turgescência no sistema tratado com água do mar é acompanhada de uma deposição bastante significativa de ceras epicuticulares (r=-0,655). No entanto, não foi observada nenhuma reação significativa nas plantas tratadas com NaCl+CaCl2 sobre a síntese e a deposição de ceras (r=0,192). Embora a acumulação de ceras nas plantas das espécies estudadas possa ser uma consequência da perceção dos efeitos restritivos do stress salino, a irrigação com água do mar tem efeitos prejudiciais para as plantas em comparação com a irrigação com NaCl+CaCl .2Destes resultados, é de notar que a salinidade aplicada conduz a uma redução muito pronunciada dos níveis de emissão de água pela folha excisada (RWL) que simulámos como representativa da transpiração global em condições in situ. Para as plantas tratadas com água do mar, a interação entre a salinidade e a emissão de água foi mais elevada (r= -0,801**) do que a registada sob NaCl+CaCl2 (r=-0,707*).Por outro lado, o estudo das relações estabelecidas entre a intensidade da transpiração, estimada pela perda de água através da folha excisada, e a deposição de cera revela que estes dois parâmetros estão significativamente ligados, com uma tendência negativa, o que explica que a deposição de cera observada em condições de salinidade seja a causa de uma limitação pronunciada da transpiração, essencialmente da transpiração cuticular, observada nos dois tipos de stress. Esta relação foi mais significativa com a aplicação de NaCl+CaCl2 (r=-895**) do que com a irrigação com água do mar (r= - 0,719*). Estes resultados estão de acordo com os de Cotoole et al (1983); Austin (1987); Acevedo (1987) e Dib (1992) citados por Adda em 1996, mostrando que uma redução da superfície foliar acompanhada pela deposição de ceras epicutuculares limita a transpiração. Um estudo dos parâmetros relativos ao controlo da perda de água mostra que a transpiração medida na folha excisada diminui com a salinidade, independentemente do tipo de salinidade (r= -0,801** para a água do mar e -0,707 * para NaCl +CaCl 2). Neste contexto, a resistência estomática também aumenta (r=0,289 para a água do mar e 0,327 para NaCl +CaCl2).Esta reação é óbvia, uma vez que a depleção de água dos tecidos em resultado de variações no potencial osmótico do substrato devido ao elevado teor de sal leva ao encerramento dos estomas, inibindo a transpiração estomática.Esta resposta é frequentemente gerida pela disponibilidade de água no substrato. Os sais acumulados, não absorvidos pela planta, actuam aumentando a pressão osmótica do substrato, o que impede a absorção e reduz a condutividade hidráulica das raízes, provocando uma redução do fluxo de água das raízes para as partes aéreas (Leary, 1969; Prisco, 1980 citado por Azevedo, 2004).Este comportamento parece refletir uma semelhança da ação da salinidade com a da seca.A relação entre os níveis de salinidade e a biomassa acima e abaixo do solo (Quadros 15 e 16 do Apêndice) mostra que as alterações morfológicas do sistema radicular dependem intimamente do grau de salinidade imposto ao substrato de cultivo.O défice de biomassa registado nas plantas sujeitas à salinidade provocada por dois tipos de sal não afectou da mesma forma as duas partes da planta.De facto, o crescimento radicular foi menos afetado pelos sais do que o crescimento acima do solo. Estes resultados são confirmados pelo trabalho de Da Silva et al. em 2003, que mostrou que a salinidade parece induzir uma afetação preferencial da biomassa às raízes, quanto maior for a intensidade do stress. Isto é demonstrado pelo facto de a taxa de redução da biomassa acima do solo das plantas cultivadas na presença de sais ser muito mais elevada do que a das plantas de controlo (r= -0,686* para a água do mar e -0,762* para NaCl+CaCl).2A afetação da biomassa às raízes traduziu-se igualmente por relações PR/PA mais elevadas nas plantas mais stressadas (r=-0,944** para a água do mar e r=-0,241 para NaCl+CaCl).2O desenvolvimento da raiz em detrimento da parte aérea é considerado por vários autores como um critério de resistência à salinidade. O desenvolvimento da raiz em detrimento da parte aérea é considerado por vários autores como um critério de resistência à salinidade, pois permite extrair e reter a água dos meios salinos, mantendo assim um teor relativo de água mais elevado (r=0,770*). Os dois tipos de salinidade diferem na expressão desta caraterística. A irrigação com água do mar leva a um encurtamento do eixo principal (r= - 0,698*), enquanto que a irrigação com a solução de Na Cl+CaCl2 , favorece o alongamento radicular (r=0,259).Tal relação poderia ser explicada pela inibição do crescimento devido à natureza dos iões presentes na água do mar, que diminuem consideravelmente o potencial hídrico da solução do solo, impondo condições reais de stress hídrico.Este resultado está de acordo com o de (Azevedo et al., 2004) que provam que o stress salino afecta consideravelmente o crescimento do sistema radicular. Esta morfologia não limitaria as variações do teor de água das folhas (r=0,197 para a água do mar, r=-0,153 para NaCl+CaCl).2 As relações estabelecidas entre o teor relativo de água e o teor de açúcar mostram que a redução do teor de açúcar nas folhas favorece a manutenção de um estado ótimo de turgescência (r=-0,382). Este resultado foi confirmado por numerosos estudos que mostraram que o stress salino é acompanhado por uma acumulação de osmótico (Clandivan et al., 2003; Da Silva et al., 2003), o que indica uma osmorregulação que permite às células foliares manter um nível de turgescência compatível com as actividades metabólicas. Por outro lado, a relação entre o teor de açúcares medido numa segunda fase e o teor relativo de água foi significativa (-0,411). Esta relação poderia ser explicada pela hipótese de que as plantas reagem à severidade do stress aumentando progressivamente o teor de açúcares no tecido foliar para superar o aumento progressivo do teor de sais do ambiente. A evolução do teor de açúcar em função da salinidade provocada pela aplicação de uma solução NaCl+CaCl2 segue uma tendência semelhante à provocada pela aplicação de água do mar, mas a um nível inferior. Isto pode ser explicado pelo facto de o efeito deletério do sódio ser reduzido pelo aumento das concentrações de Ca.+2 Segundo Hopkin, 2003, parece que o Na+ desloca o Ca+2 ligado às membranas radiculares, um efeito que pode ser evitado pelo fornecimento de Ca+2 em excesso, resultando numa diminuição da absorção de Na.+ A relação entre o potencial osmótico e o teor relativo de água levou à expressão de uma queda no potencial osmótico das folhas, particularmente durante a segunda medição (r= - 0,588 e r=- 0,918).*Esta diminuição do potencial osmótico foliar permitiria manter um teor relativo de água elevado (r= -0,544, r=- 0,191). Esta relação, embora fraca, mostra que o teor relativo de água não seria atribuído à acumulação de osmose.No que diz respeito ao estudo anatómico da folha, as observações efectuadas (quadro 17 e 18 em anexo) indicam uma redução da espessura do mesófilo, favorecendo a manutenção de um estado ótimo de turgescência expresso pela sua CRA (r= -0,429 para a água do mar e r=-0,224 para NaCl+CaCl2). Esta redução permitiria perder menos água, mantendo assim um potencial hídrico elevado. Por seu lado, a caraterística ligada ao diâmetro do vaso metaxémico sofreria as mesmas reacções. Os vasos de menor diâmetro seriam responsáveis por um teor de água mais elevado (r=-0,326 para a água do mar e r=-0,466 para NaCl+CaCl).2 Esta transformação facilitaria o fluxo de seiva, associada a um menor teor de água no substrato devido à acumulação de iões.Ao nível das células da bainha perivascular, as observações mostraram que, sob irrigação com água do mar, o aumento do teor relativo de água conduziu a um aumento do tamanho das células em termos de comprimento (r=0,699*) e de largura (r=0,474). Este aumento do tamanho das células da bainha contribui provavelmente para a regulação da intensidade fotossintética. Este aumento do tamanho das células da bainha contribui provavelmente para a regulação da intensidade fotossintética. No entanto, o efeito sobre estes parâmetros anatómicos foi claramente atenuado quando as plantas foram pulverizadas com a solução Na Cl+CaCl2 (r=-0,259 comprimento, r=-0,298 largura).Além disso, o efeito do stress salino, quer com água do mar quer com NaCl +CaCl2 , provocou uma redução do parênquima clorofilado nas faces ventral (r=-0,474) e dorsal (r=-0,149) para Na Cl+CaCl2 e sob água do mar para ambas as faces, respetivamente (r=-0,365 fv e r=-0,572 fd). Esta diminuição pode ser explicada pela redução do tamanho das células do mesofilo. O efeito da salinidade é uma redução da disponibilidade de água para a planta, devido a um aumento da pressão osmótica do substrato. Neste caso, as transformações estruturais consistem provavelmente numa redução do conteúdo protoplasmático sensível à desidratação. Os nossos resultados mostram que o teor relativo de água se mantém nas plantas com um mesofilo mais pequeno (r=-0,305 para a superfície ventral, -0,381 para a superfície dorsal sob NaCl+CaCl2 e r=-0,0,024 para a superfície ventral e r=0,242 para a superfície dorsal sob água do mar).No sistema radicular, a rega com água do mar provoca uma redução da espessura do parênquima cortical (r= -0,500). Esta redução é condicionada pelo comprimento (r=0,825**) e largura (r=0,799**) das células que o constituem, que por sua vez são reduzidos pela salinidade imposta (r= -0,543 comprimento, r=-0,297 largura).A redução do tamanho das células e, consequentemente, da espessura do parênquima cortical estaria ligada essencialmente à diminuição da turgescência, o que implicaria a limitação da expansão celular. Este resultado confirma o de Beatriz et al. em 2001; Yang Hui Peng et al., 2004, mostrando que o stress salino penaliza a expansão celular. No entanto, a irrigação com diferentes concentrações de NaCl+Ca Cl2 não teve efeito significativo no desenvolvimento desta caraterística estrutural (quadro 19 em anexo), o que pode ser explicado pela ausência de relação significativa entre as duas variáveis (r=0,019 Epc, r= -0,310 Lcp, r=-0,171 Lacp).A ausência do efeito salino poderia também ser explicada pelo facto de a concentração de Ca++ nos tecidos aumentar acentuadamente quando este catião se torna mais elevado no meio. De facto, Levitt, 1980 e, mais tarde, Alem et al., 2005, referem que, em condições de stress salino, a adição de cálcio ao substrato melhora a tolerância das plantas, promovendo o crescimento. Além disso, de acordo com Da Silva et al. 2003, este catião pode limitar a entrada de Na+ e manter a seletividade entre K+ e Na+ ao nível da raiz. É também de salientar que o stress de salinidade da água do mar tem um efeito negativo altamente significativo (quadro 20 em anexo) no número de feixes líbero-lenhosos (r=-0,701*).Desta forma, elevadas concentrações de sais no substrato são acompanhadas por uma redução do número de feixes.Regando com solução salina contendo Na Cl+Ca Cl 2, a relação estabelecida entre os dois factores, embora fraca, segue as mesmas tendências (r=-0,401).O diâmetro do vaso metaxilémico parece ser reduzido pela salinidade imposta pela água do mar (r= -0,338). No entanto, a expressão deste parâmetro não é afetada pelo regime de salinidade provocado unicamente por Na Cl+Ca Cl 2 (r=-0,018).Esta modificação intensifica a condução de seiva e ajusta a capacidade de absorção em função da humidade do substrato condicionada pelas elevadas temperaturas.concentrações salinas criadas pela acumulação de sulfatos, hidrocarbonatos ou uma mistura de vários sais hidrossolúveis de Wed. Uma outra caraterística foi mantida neste estudo, relativa à espessura da camada mais externa da raiz representada pela rizoderme. As relações estabelecidas mostram que o stress imposto varia, em maior ou menor grau, em função da expressão desta modificação. Assim, o aumento das concentrações salinas provocado pela irrigação com água do mar conduziu a um adelgaçamento da camada rizodérmica (r=-0,409). Em contrapartida, a adição da solução de NaCl+CaCl2 conduziu a um espessamento desta camada (r=0,441).O espessamento da rizoderme parece ser uma reação destinada a reforçar a barreira contra a dissipação da água das raízes para o solo e a manter a turgescência.Os resultados mostram uma diversidade de comportamentos ligados à natureza do stress e à concentração salina.Tendo em conta os dados que acabamos de concluir, para selecionar espécies de atriplex tolerantes e/ou resistentes à salinidade, é possível :

- Procurar caraterísticas interessantes que forneçam elementos adicionais susceptíveis de explicar os mecanismos de tolerância aos stresses abióticos, nomeadamente ao stress salino,
- Investigação de marcadores moleculares que possam ser utilizados na resposta ao stress,
- Ajudar a identificar as vias metabólicas envolvidas na resposta ao stress.

REFERÊNCIAS

ADDA A., 1996 - Estudo dos parâmetros morfo-fisiológicos e anatómicos do louro duro, numa zona semi-árida. Tese de Mestrado. INA El Harrach Alger, 120 p.

AJAB M., 2002 - Recherche de traits morphologiques physiologiques et bichimiques d'adaptation au déficit hydrique chez différents génotypes de blé dur Triticumdurum Desf. Tese de Mestrado. Univ Annaba, 84 p.

ALEM C., AMRI A., 2005 - Importância da estabilidade da membrana celular na tolerância à salinidade em cevada. Biologia e Biotecnologia.Vol.4, (1), p. 20 - 31

ALARCHON JJ., SANCHEZ-BLANCO MJ., BOLARIN MC, HIGAZY SHEHATA M., e ALLAM A., 1993 - Relação entre a prolina livre e a tolerância à salinidade de três variedades de beterraba sacarina. J. Agric.Res. 73, (1), p 175 -189.

AL HAKIMI A., 1991 - Recherche de caractères morphologiques d'adaptation au déficit hydrique chez les espèces tétraploïdes de blé. D E S. Univ. Monpelier II.110 p.

ALI DIB T., MONNEVEUX P e ARANS, JL., 1992. Adaptação à seca e noção de idiótipo no trigo duro II. Caraterísticas fisiológicas da adaptação. Agronomie, 12, p 381 -393.

AMRAR S., 1993 - Melhoria da tolerância à salinidade do tomate Licopersicumesculentum. Mestrado em Ciências, C.I.H.E.A.M Zarragoza. Espanha, p7 -23.

AOUISSAT M., 1992 - Utilização dos arbustos e dos recursos naturais na produção ovina extensiva. Tese de Mestrado, C.I.H.E.A.M Zarragoza.Espanha110p.

AUBERT G., 1975 - Solos sódicos no Norte de África. Anexo. Agro, I.N.R.A. Alger, p 4 -5

AUBERT G et BOULAINE J.,1976 - La pédologie. Coleção "que sais je". Ed. I.P.V de França. p38 -42.

AUBERT G et BOULAINE J., 1980 - Pédologie. Ed. I.P.V de França.p25 -35.

AZEVEDO A., JOSE T., JOAQUIM EF., CLAUDIVAN F., VIEIRA SILVA J., PAULO H, e ENEAS, 2004 - Efeitos do estresse salino no crescimento das plantas, resposta estomática e acúmulo de solutos em diferentes genótipos de milho. Braz. J. Plant Physiol. vol.16 no.1.

BATANOUNY H., 1993 - Ecofisiologia das halófitas e sua utilização tradicional no mundo árabe. Curso avançado sobre a utilização de halófitos.

Agricultura, p12 -23, Agadir. Marrocos.
BENKHETOU A., 2003 - Contribuição para o estudo da criação de zonas estépicas no âmbito da adesão à propriedade agrícola foncière e seu impacto no ecossistema (caso de rechaiga-Tiaret). Tese de mestrado 98p. Universidade de Tiaret.
BERNSTEIN N., LÄUCHLI A e SILK WK, 1993 - Cinemática e dinâmica do desenvolvimento de folhas de sorgo (Sorghumbicolour. L) em várias salinidades de Na/Ca. I. Alongamento e crescimento. Plant Physiol, 103: p 1107 -1114
BIDINGER FR., WITCOMBE JR. 1989 - Evolução de caraterísticas específicas de tolerância à hidratação para melhoria da resistência à seca em F.W.G, bakerled drought resistance in cereals, CAB international, willing VK, PP151 - 164.
BINET P et BRUNEL JP, 1967 - Physiologie végétale (I). Ed DOIN Derven et Cie.
BOURSIER P. et LAUCHLI A.,1989 - Mecanismos de partição de cloretos nas folhas de sorgo bicolor L. em stress salino.Fisiologia vegetal.77p.537 -544.
BRESSAN ePAUL M HASEGAWA,1993 - NaCl
Regulação da Expressão do Gene da H+-ATPase da Membrana Plasmática em uma Glicófita e uma Halófita. Plant Physiol. 103: p 713 -718.
BRUGNOLI E e BJÖRKMAN O., 1992 - Crescimento do algodão sob stress contínuo de salinidade: Influência no padrão de alocação, componentes estomáticos e não-estomáticos da fotossíntese e dissipação do excesso de energia luminosa. Planta, 187 : p335 -347
CAMEFORT H., 1984 - Morfologia das plantas vasculares.
Ed:Doin, Paris, 432P.
CHEVERRY C., 1995 - Comportamento das plantas em meio salino. Action eau N°4 séance spécialisée du 22 mars 1995.Ed.Acad agr, France,49p.
CHRETIEN D., 1992 - La résistance au sel chez le jojoba (Simmondsia chinensis LS.) :croissance et modifications du contenu lipoprotéique de cals cultivés en présen ce d'une teneur élevée en NaCl. Tese de Doutoramento da Universidade de Paris, 144 p.
CHRISTOPHE M et MICHEL T., 2000 - Statut hydrominéral des plantes. Ed TEC et DOC. p 92 -118.
CLARCKE J e Mc CAIG T., 1982 - Capacidade de retenção de água da folha excisada como indicador da resistência à seca de genótipos de Triticum. Canadian j.plants.sci. (62) :p :571 -578.
CLEMENT M., FRANÇOISE P., 1998 - Analyse physique sols.
Métodos escolhidos. Ed Lavoisier :TEC e DOC

COLMER TD., FAN TW-M., HIGASHI RM. e LÄUCHLI A., 1996 - Efeitos interactivos da salinidade de Ca2+ e NaCl nas relações iónicas e na acumulação de prolina na ponta da raiz primária de Sorghum bicolor. L. Physiol. Plant. 97:421 -424.
DEBEZ A ., CHAIBI S ., BOUZID, 2001 - Efeito do NaCl e de reguladores de crescimento na germinação de Atriplexhalimus L. Agricultures. Volume 10, N°2, p 135 -138.
DERAISSAC M., 1992 - Mécanismes d'adaptation à la sécheresse et maintien de la productivité des plantes cultivées. Agro-Tropical, 64 (1) p23 -37.
DIGBY C., SHORT e TIMOTHY D. COLMER, 1999 - Sal Tolerância na Halófita Halosarciapergranulata subsp.Pergranulata. Anais de Botânica 83:p 207 -213.
DOMERGUEZM e MANGENOT R.,1970 -Ecologia microbiano. Academic press NEW YORK, 395 p.
DUCHAUFOUR P., 1968 - L'évolution des sols, essai sur la Dinâmica dos perfis. Ed Masson et Cie. p93.
DUCHAUFOURP, 1983 -Pedologia1.Pedogénese e classificação. Ed Masson. Pp 468 -470.
DUCHAUFOUR P., 1988 - Abrégés de pédologie. Ed Masson. Pp 197 -198.
DUCHAUFOUR P., MAURICEB e BERNARDS S., 1979 - Pédologie 2 "Constituants etpropriétés des sols"; Ed. Masson; Paris.
DUPERATM.,1997 -O guia de árvores e arbustos de França. Ed. Seleção do Reader's Digest.255p.
EILERS R G., EILERS W D e LELYK G. 1995 - Santé des solos. Sécherèsse. Ed john libbeyeurotext, Canadá, pp 23-33 .
EL AICH A., 1987 - Fodder trees and shrubs in range and farming systems in North Africa. Instituto de Investigação e Desenvolvimento Agrícola da Malásia (MARDI), P 92 -96.
ELENA VV., ELENA GA., VINCENTR F., VLADIMIRI P., LAVIKIIRATSO., MAURICES KU e GERALDE E.,2001 -. Salsolaarbusculiformis,um intermediário C3 -C4 emSalsoleae (Chenopodiaceae). Anais de Botânica 88:337 -348.
EPSTEIN E., 1998 - Como o cálcio aumenta a tolerância das plantas ao sal. Ciência 40:1906 -1907.
F A O., 1989 - Balanço preliminar de 30 anos de pastoralismo, técnica de desenvolvimento pastoral.
FRANCLET A et LE HOUEROU H., 1971 - Les Atriplex en Tunisie et en Afrique du Nord. Rome: Organização das Nações Unidas para a Alimentação e

a Agricultura (FAO), 271 p.
GAN Y., LAFOND GP e MAY WE., 2000 - Rendimento de grãos e uso de água: Relative performance of winter V.S. Spring cereals in cost central Saskatchewan .Canadianjournal of plant science (533 - 541).
GASMI A., 1989 - Melhoria das propriedades físicas dos solos salgados através da ação combinada da pedra branca e do fosfogesso. Mémoire d'ing agro, Univ de Tiaret.
GATE P., 1995 - Ecophysiologie du blé, Ed: Lavoisier, Paris, Techniques et Documentations, 429 p.
GAYRAL P., VINDT J., 1961 - Anatomia dos tecidos vasculares. Ed Doin et Cie. Paris p 114 -115.
GERARD R., 1993 - Métabolisme des végétaux, physiologie et biochimie. Ed. Presses Polytechniques et Universitaires Romandes. pp 27 -48.
GILBERT GA, GADUSH MV, WILSON C e MADORE MA .1998 - Acumulação de aminoácidos em tecidos de origem e de destino de ColeusblumeiBenth. durante o stress de salinidade. J. Exp. Bot. 49:107 -114.
GIRIJA C.,SMITH BN., SWAMYPM, 2002 -Interactive
Efeitos do cloreto de sódio e do cloreto de cálcio na acumulação de prolina e glicina-betaína no amendoim (Arachishypogaea L.). Environ. Exp. Bot. 47:1 - 10.
GUTTOUCHE R., 1998 -Contribution à l'étude des caractères morpho-physiologiques d'adaptation à la secheresse du blé dur(TriticumdurumDesf). Mémoire de Magister,INA El Harrach. Alger.120p.
HAMZA M., 1980 - Réponses des végétaux à la salinité.Physio- Vég.18, p 69-81.
HANNACHI C., DEBERGH P., EZZEDINE Z., MESSAÏ A et MEHOUACHI T. 2004 - Tuberização de vitroplantas de batata (Solanumtuberosum L.) sob stress salino. Biotechnol. Agron. Soc. 8 (1), p 9-13.
H C D S., 1996 - Note bibliographique sur quelques plantes fouragères et pastorale,p6 -7.
HELLERR.ROBERT E.,CLAUDEL.,1998 - Fisiologia
vegetal 1 - Nutrição, Edit Duno, Paris, 322p.
HOPKIN WG, 2003 - Fisiologia vegetal. Ed De boeck. 514p.
HOUCHI R et COUDRET A.,1994 - Seleção de triticale
tolérants au sel, Cahier Agriculture N°3,p.p 227 -230.
HSIAO TC. 1973 - Respostas das plantas ao stress hídrico. Ann Rev Plant Physiol ; 24 : 519 -523.
HUBAC C.,1990 - Crescimento e desenvolvimento dos vegetais. Impact of la salinité et l'aridité sur la croissance, le développement et l'amélioration des

végétaux. Conferência da Universidade de Orana-Sénia.
KATEMBE WJ,UNGAR IA,MITCHELL JP, 1998 - Efeito de Salinidade na germinação e crescimento de mudas de duas espécies de Atriplex (Chenopodiaceae). Ann Bot; 82: p165 -75.
KHRAIST, LECLERCY, DONNELLYDJ, 1998 - Tolerância relativa à salinidade de cultivares de batata avaliada in vitro rastreio. Am. J. Potato Res. 75, p. 207-210.
KINET JM., BENREBIHA F., BOUZID S., LAILHACAR S., e DUTUIT, 1998 - A rede Atriplex. Combinando biotecnologia e ecologia para uma maior segurança alimentar em África. Cahiers de l'Agriculture.vol(7) 6,p :505 -509.
KINRAIDE TB., 1999 - Interações entre Ca2+, Na+ e K+ na toxicidade da salinidade: resolução quantitativa de múltiplos efeitos tóxicos e de melhoria. J. Exp.Bot. 50:p1495- 1505.
KORICHI M., 1992 - Contribuição para o estudo do ajustamento osmótico da resposta protéica do trigo duro (Tritucumdurumdesf) ao stress hídrico D.E.A. ENSA. Montpellier (França) P20 -35.
KRAMER PJ, BOYER JS, 1995 -Water Relations of Plants and Soils. AcademicPress, San Diego.
LACOSTE A e SALANON R.,1981 -Elements of biogeographies et d'écologie. Ed Nathan. pp119 -121.
LAFONJP,THARAUDL.PRAYERC.,LEOVG.,1985 -Biologie des plantes cultivées: Tome1 - Organisation physiologie de la nutrition. Ed L'ARPEPS ALGER.238p.
LADIGES PY, 1975 - Alguns aspectos da relação hídrica dos tecidos em três populações de Eucaliptusviminalis Labill -New phytol, 75: p 53-62.
LAFON JP, CATHERINE TH, PRAYER e GALLES L., 1996 - Biologie des plantes cultivées, organisation physiologie de la nutrition.2 ème Ed. Tomo 2.pp 135 -146.
LARSAM M., 1995 - Salinityproblems in the mediterranians area, N°2 séance spécialisée du 22 mars 1995.Ed.Academie de Paris,p.p 47 -59.
LAVAL-MARTIND, MAZLIAKP, 1979 -TDeTP" Fisiologia vegetal". Ed HERMANN collec. Méthod (Paris), 349p.
LAVAL-MARTIN D., MAZLIAKP.,1995 -Fisiologia planta I. Nutrição e metabolismo. Ed HERMANN.539 p.
LECLERC JEAN-CLAUDE, 1999 - Ecophysiologie végétale. Publicado pela Universidade de Saint-Etienne, 35 rue du 11 novembre, 42023, 277 p.
LE GUYADER H., 1997 - Le développement des végétaux aspects théoriques et synthétique. Ed Masson pp 153 -156.

LEVIGNERON A., LOPEZ F., VANSUYT G., BERTHOMIEU P., FOURCROY P. et
CASSE-DELBART F., 1995 - Plantas sob stress salino. Cahiers Agricultures , 4 : p263 -273.

LEVITT J., 1980 - Water stress- In Response of plants to environmental stresses. Vol II . 2ed Ed. por T. Kozlowski. Academic Press: p 25 -29.

LOZE T e MATHIEU C., 1990 - Dictionnaire des sciences des sols 2ème Ed. Doc et Tec. Lavoisier, Paris 384p.

LUTTGE U., KLUGE M., BAUER G., 1997 - Botânica 2 eme edição, Ed, Lavoisier Tec et Doc. Paris: 588 P.

MAAS EV., 1986 - Tolerância das plantas ao sal. ApplAgricRes ; 1 : p12 -26.

MALLEK-MAALEJ E., BOULASNEM F., BEN SALEM M., 1998 - Efeito da salinidade sobre a germinação de sementes de cereais cultivadas na Tunísia. Cahiers Agricultures; 2 : p153 -160.

M'BAREK B., CHAABANE R., SDIRI H., LAÏD M., 2001 - Efeito do stress salino na germinação, crescimento e produção de grãos de algumas variedades de trigo do Magrebe. Sécheresse ,12 :167 -174.

MELONI D., MARTA G., CARLOS A., 2004 - Os efeitos da estresse salino no crescimento, redução de nitrato e acúmulo de prolina e glicina-betaína em Prosopisalba. Braz. J. Plant Physiol. vol.16 no.1 Londrina.

MOH'D KHAIR J., EL-SHATNAWI, 2002 - Matéria seca Acumulação e conteúdo químico da erva-sal (Atriplexhalimus) cultivada em terras de arbustos do deserto mediterrânico. New Zealand Journal of Agricultural Research, Vol. 45: p139-144.

MONNEVEUX PH et THIS D.,1997 - La génétique face aux problèmes de la tolérance des plantes cultivées à la sècheresse : espoirs et difficultés. Sécheresse 8(1) : p : 29 -37.

MOREL R., 1989 - Les sols cultivés. Ed Lavoisier: Tec DOC, p: 161-172.

MOUHOUCHE B et BOULASSEL A., 1999 - Contribuição para um melhor conhecimento das
perdas de água de irrigação e salinização dos solos nas zonas
arides. Recherches Agronomiques:(4) p15 -23.I.N.R.A.ALGER.

NEGRE R., 1961 - Petite flore des régions arides du Maroc Occidental. Tomo 1, Ed, C.N.R.S.Paris.179 p.

NILSENE, DAVID MA. 1996 -A fisiologia das plantas sob stress. Factores abióticos Ed.
JOHN WILEY e SONS. NOVA YORK, p193 -210.

PHAM THI AT., BORREL-FLOOD P., VIERRA DA SILVA JB, JUSTIN AM eMAZLIAK P., 1985 - Efeitos do stress hídrico no metabolismo lipídico em folhas de algodão. AGRI.Bio.Chem.54 (3): P: 745 - 751.

POURRAT Y., DUTUIT P., 1994 - Estudo prévio dos efeitos morfológicos e fisiológicos da relação sódio-cálcio in vitro numa população de Atriplexhalimus. AUPELF-UREF ed. John LibbeyEurotext. Paris, p 293 -295.

RASCIO A., CEDOLA M., SORRENTINO GPASTORE D e WITTMER G., 1988 - Curvas de volume de pressão e resistência à seca em dois genótipos de trigo. Physiol Plant, 73 p 122 -127.

REDA TAZI M., BERRICHI A., HALOUI B., 2003 - Efeito do polietilenoglicol na germinação e no crescimento in vitro da argânia (Arganiaspinosa L. Skeels) em Beni Snassen (leste de Marrocos). Sècheresse, vol 14 N°1 :3 -7 .

REKIKA D., 1997 - Identificação dos factores fisiológicos relacionados com o rendimento em condições de seca do trigo duro. Tese: Doc. ENSA Montpellier 102p.

ROBERT D., CATERSSON AM., 1990 - Biologia das plantas Volume 2. Caraterísticas e estratégia evolutiva das plantas. Organização vegetativa, p169 - 170.

ROBINSON MF, VERY AA, SANDERS D e MANSFIELD TA, 1997 - Como é que os estomas podem contribuir para a tolerância ao sal? Ann. Bot. 80: p 387 -393.

SCHUT P., 1996 - Acidez manual, salinidade e solo solonetzico. Canola response tesoacidity,salinity to solonetzic soil. Ed JhonLibbeyeurotext, Canadá p 8 -23.

SCHONFELDMA, JOHNSON RC, CARVERBF e MORNHI NW, 1988 - Relações hídricas no trigo de inverno como indicadores de resistência à seca. Crop. Sci, p 28:528 -531.

SEHABI M., 2000 - Etude génétique et agronomique de la tolérance à la sécheresse chez quelques variétés d'orge (Hordeumvulgare L). Tese de mestrado. I.N.A.Alger, 92p.

SEMIANI M., 1997 - Etude de l'effet du stress hydrique sur quelques processus physiologiques et de croissance de deux variétés de blé tendre (Triticumestivum.L).Recherche Agronomiques. INRA A. vol (1) p 23 -32.

SHANNON MC, 1985 - Principles and strategies in breeding for higher salt tolerance (Princípios e estratégias no melhoramento para uma maior tolerância ao sal). Plant Soil; 89: p227 -241.

SOLTANI A., HAJJI M e GRIGNON C., 1990 - Recherche de factores que limitam a nutrição mineral da cevada num ambiente salino.

Agronomie, 10: p 857 -866.
TAL M., 1984 - Seleção para tolerância ao stress. In hand book of plan cell culture, techniques for propagation and breeding (D.A evans,W.R.sharp,P.V.Amirato and Y. Yamadou, eds).Vol.1 p 461 - 488. Mac Milainpublishingco, Nova Iorque - ISBNO.
TARDIEU F., N KATERJI e O BETHNOD, 1990 - Relação entre o estado da água no solo o potencial de baixa e outras indicadores de stress hídrico no milhoAgr:10 :p617 -626.
TORRECILLAS..1993 -Relação hídrica e ajuste osmótico em lycopersicumesculatum e lycopersiconpeunelle durante a exposição ao sal a curto prazo e recuperação. Plant physio.(89) p.441 -447.
TURNER N C., 1986 - Adaptação ao défice hídrico: uma perspetiva em mudança -Aust-J.plant physiol. 13:175.
UNGAR IA., 1996 - Efeito da salinidade na germinação de sementes, crescimento e acumulação de iões de Atriplexpatula (Chenopodiaceae). Amer. J. Bot; 83: p 604 -607.
VAN-HOORN JW, 1995 - Desenvolvimento da salinidade do solo na zona radicular N°2 séance spécilisée du 22 mars.p 65 -66.
VIEIRA SILVA, CLAUDIVAN F., HENRIQUE A., ENEAS J., ENEAS G., JOSE TARQUINIO P., 2003 - Respostas fisiológicas de plantas de feijão-caupi sob estresse de NaCl cultivadas em solução nutritiva suplementada com CaCl2. Braz. J. Plant Physiol. vol.15 no.2.
VILAIN M., 1987 - La production végétale, vol 01.Ed: la voisier, Paris agriculture d'aujourd'hui science, technique application, 416 P.
WHITTINGTON J e SMITH FA, 1992 - Salinity induced malate accumulation, Chara.J.Exp.Bot.43, p837 -842.
WILLIAMJ., KATEMBE, IRWINA, UNGAR, JOHNP.MITCHELL, 1998 - Efeito da salinidade na germinação e crescimento de plântulas de duas espécies de Atriplex. Anais de Botânica 2:p167 - 175.
ZAIR M., 1991 - Contribution à l'étude de l'influence du déficit hydrique sur le développement du blé en zone semi a ride revus céréaliculture N°24. Eds. ITGC. PP 9 -13.

APÊNDICE

Tabela 13- Relação entre salinidade e parâmetros fisiológicos (Na Cl+CaCl2).

Salinidade RWC1 RWC4RWLTC PO1 PO4RsS1S4

Salinidade 1

RWC1 0,244 1

RWC4 0,003 0,5291

*RWL-0.707*0.0360.2471*

TC	-0.731*	0.192	0.086	-0.895**		1						
PO1	-0.588	-0.544	0.035	0.048	-0.179			1				
PO4	-0.918**	-0.191	0.189	0.587	-0.569		0.726*			1		
Rs	0.327	0.473	-0.204	-0.318	0.253		-0.254		-0.254			1
S4	0.690*	0.443	0.185	-0.549	0.674*		-0.566		-0.595		-0.006	1

Quadro 14-Relação entre a salinidade e os parâmetros fisiológicos (água do mar).

	salinidade	RWC1		RWC4		RW LTC		RsS1	S4
salinidade	1								
RWC1	-0.761*		1						
RWC4	-0.396	0.518			1				
RWL	-0.801**	0.545		0.184		1			
TC	-0.802**	-0.655		-0.239		-0.719*	1		
Rs	0.289	0.79		-0.137		0.123.0299		1	
S1	0.495	-0.382		-0.336		-0.5680.677*		0. 1131	
S4	0.843**	-0.411		-0.386		-0.723*0.689*		0.4440 .305	1

Tabela 15-Relação entre salinidade, estado hídrico e parâmetros morfológicos do sistema radicular (Na Cl+CaCl2).

	salinidade	RWC1	RWC4	Ração longa	PSA	PSR	PSR/PSA
salinidade	1						
RWC1	0.244	1					
RWC4	0.003	0.247	1				
Ração longa	0.259	-0.153	-0.351	1			
PSA	-0.762*	-0.014	0.198	0.208	1		
PSR	-0.752	-0.082	0.088	0.290	0.958**	1	
PSR/PSA	-0.241	-0.245	-0.245	0.611	0.451	0.669	1

Quadro 16-Relação entre salinidade, estado hídrico e parâmetros morfológicos do sistema radicular (água do mar).

				Longo			
	salinidade	RWC1	RWC4	rac	PSA	PSR	PSR/PSA
salinidade	1						
RWC1	-0.761*	1					
RWC4	-0.396	0.518	1				
Ração longa	-0.698*	0.197	-0.135	1			
PSA	-0.686*	0.417	0.240	0.720*	1		
PSR	-0.943**	0.698*	0.346	0.726*	0850**	1	
PSR/PSA	-0944**	0770*	0.399	.570	0.498	0.875**-	1

Tabela 17- Relação entre salinidade, estado hídrico e parâmetros anatómicos foliares (Na Cl+CaCl2).

	salinidade	RWC1	RWC4	comp.meso	diam.xylm	longo,celgain	grande,celgain	epméso,fvt	epméso,fds
salinidade	1								
RWC1	0.244	1							
RWC4	0.003	0.247	1						
comp.meso	-0.442	-0.224	0.606	1					
diam.xylm	-0.213	-0.466	-0.355	0.355	1				
longo,celgain	-0.329	0.107	-0.077	-0.102	-0.317	1			
grande,celgain	-0.493	0.008	-0.118	-0.026	0.094	0.731	1		
epméso,fvt	-0.474	-0.305	0.232	0.414	-0.213	-0.101	-0.260	1	
epméso,fds	-0.149	-0.381	-0.353	0.034	0.478	-0.117	0.058	0.107	1

Quadro 18- Relação entre salinidade, estado hídrico e parâmetros anatómicos das folhas (água do mar).

	salinidade	RWC1	RWC4	comp.meso	diam.xylm	longo,celgain	grande,celgain	epméso,fvt	epméso,fds
salinidade	1								
RWC1	-0761*	1							
RWC4	-0.396	0.518	1						
comp.meso	0.111	-0.429	-0.628	1					
diam.xylm	0.296	-0.326	-0.695*	0.264	1				
longo,celgain	0.405	-0.259	-0.355	0.419	0.85	1			
grande,celgain	0.720*	-0.298	-0.408	0.098	0.309	0.566	1		
epméso,fvt	-0.365	-0.024	-0.227	0.388	0.280	0.117	-0.030	1	
epméso,fds	-0.572	0.242	-0.322	0.096	0.490	-0.402	-0.383	0.520	1

Tabela 19- Relação entre salinidade, estado hídrico e parâmetros anatómicos radiculares (Na Cl+CaCl2).

	salinidade	RWC1	EPC	LCP	LACP	Dia v mx	N.º de hpv	E riz
salinidade	1							
RWC1	0.244	1						
EPC	0.019	-0.083	1					
LCP	-0.310	0.041	0.253	1				
LACP	-0.171	0.196	0.026	0.932**	1			
Dia v mx	-0.018	-0.092	-0.056	0.272	0.277	1		
N.º de hpv	-0.401	-0.237	0.227	0.068	-0.212	0.315	1	
E riz	0.441	-0.012	0.296	0.295	0.363	-0.269	-0.499	1

Quadro 20-Relação entre a salinidade, o estado da água e os parâmetros anatómicos das raízes (água do mar).

	salinidade	RWC1	EPC	LCP	LACP	Dia v mx	N.º de hpv	E riz
salinidade	1							
RWC1	-0761*	1						
EPC	-0.500	0.544	1					
LCP	-0.543	0.699*	0.825**	1				
LACP	-0.297	0.474	0.799**	0.920**	1			
Dia v mx	-0.338	0.379	0.816**	0.631	0.663	1		
N.º de hpv	-0.701	0.724*	0.822**	0.731	0.557	0.541	1	
E riz	-0.409	0.522	0.746*	0.671	0.689*	0.474	0.691*	1

MIX
Papier aus verantwortungsvollen Quellen
Paper from responsible sources
FSC® C105338

Printed by Books on Demand GmbH, Norderstedt / Germany